生物复杂网络中功能模块的挖掘

焦清局 著

科学技术文献出版社
SCIENTIFIC AND TECHNICAL DOCUMENTATION PRESS

·北京·

图书在版编目（CIP）数据

生物复杂网络中功能模块的挖掘 / 焦清局著. —北京：科学技术文献出版社，
2017. 11（2019. 5 重印）
　ISBN 978-7-5189-3685-4

Ⅰ. ①生… Ⅱ. ①焦… Ⅲ. ①智能机器人—智能模拟—研究 Ⅳ. ① TP242.6

中国版本图书馆 CIP 数据核字（2017）第 289207 号

生物复杂网络中功能模块的挖掘

策划编辑：张　丹　责任编辑：王瑞瑞　　责任校对：张吲哚　　责任出版：张志平

出　版　者	科学技术文献出版社
地　　　址	北京市复兴路15号　邮编　　100038
编　务　部	(010) 58882938，58882087（传真）
发　行　部	(010) 58882868，58882870（传真）
邮　购　部	(010) 58882873
官 方 网 址	www.stdp.com.cn
发　行　者	科学技术文献出版社发行　全国各地新华书店经销
印　刷　者	北京虎彩文化传播有限公司
版　　　次	2017 年 11 月第 1 版　2019 年 5 月第 4 次印刷
开　　　本	710×1000　1/16
字　　　数	160千
印　　　张	9
书　　　号	ISBN 978-7-5189-3685-4
定　　　价	39.00元

前　　言

　　网络科学作为一门交叉学科，它的基本理论正渗透到数理科学、生命科学、工程科学甚至社会科学等众多学科中去。复杂网络的研究引起了世界不同领域科学家的广泛关注。对复杂网络的定性与定量特征的认识和理解是网络时代中一个重要而又具有挑战性的课题。作为复杂网络中一个重要特性，模块结构（或称社团结构）是一个重要而又普遍存在的结构特性。准确挖掘和分析模块结构对理解复杂网络的演化、结构和动态性都有着理论和实践的意义。

　　模块结构作为生物复杂网络中的功能模块组织形式，在生命科学领域中有着重要的意义。人们虽然提出很多有效的算法来分析功能模块，如基于图论的方法，基于随机游走模型和谱聚类方法，但是这些方法在算法层面和生物网络局限性上都存在一定的缺陷。面对这些问题，需要我们有针对性地研究并提出新的功能模块挖掘方法。

　　在本书中，我们主要研究了如何挖掘生物复杂网络中的功能模块，并探索了多样性的功能模块组织形式。首先，针对现有模块分析算法存在的缺陷，提出一种衡量网络中任意两个结点的新相似性 ISIM，依据这种新的相似性和层次聚类思想对生物网络中的功能模块进行挖掘，并利用新结点相似性进一步揭示了生物网络中蛋白质复合物的层次性和功能模块的多尺度性。为了避免生物网络不完备性带来的影响，我们通过融合多条件下基因共表达谱数据构建完备的基因共表达网络，进而分析功能模块。接下来，我们突破模块结构是生物复杂网络中功能单元的唯一组织形式这一概念，在生物网络上发现一种新的功能模块组织形式，Bi-sparse 功能模块。并相应地提出一种能同时挖掘高聚合和稀疏功能模块的二叉树搜索方法。最后，通过大规模网络的统计分析，深入研究了 Bi-sparse 模块的一些特性。因此，本书的研究内容主要包括以下几个方面。

①为了有效克服现有功能模块挖掘方法的缺点，我们使用受限的随机游走模型，提出一种新的转移概率矩阵，进而定义一种新的结点相似性 ISIM 来衡量网络中任意两个结点之间的距离。新的结点相似性有 3 个良好的特性：一是它能成功地融合网络的全局和局部拓扑信息；二是新结点相似性不仅能有效地衡量两个结点之间的距离，而且能捕捉到两个结点在网络中的拓扑结构；三是它是在一个收敛的空间定义结点相似性。因此，在一系列不完备和含有噪声的生物网络中，具有良好的稳定性和鲁棒性。

使用新结点相似性和层次聚类思想，可以有效地分析生物复杂网络中的功能模块。首先，我们使用新结点相似性产生网络的相似性矩阵。其次，使用层次聚类思想建立网络模块的树状结构。最后，选择合理的目标函数自动地挖掘网络中的功能模块。在此基础上，通过改变新结点相似性中的调节因子，本书又提出一种新的方法（ISIMB 方法）揭示生物网络中蛋白质复合物的层次结构和功能模块的多尺度特性。

与现有的模块挖掘方法相比，基于新结点相似性的方法是一个无参数的方法，它能自动地确定网络中模块的个数。使用它挖掘到的模块不仅与真实的功能模块结构获得更好的匹配，而且能有效克服生物网络不完备性的缺陷。与单尺度的方法相比，本书把模块多尺度概念引入到生物网络中蛋白质复合物和功能模块的挖掘，这种新的理念不仅能成功地预测蛋白质复合物及其层次特性，而且能从具体到一般的视角揭示功能模块的动态过程。

②针对生物网络的不完备特性和基因共表达的不传递性，本书提出一种新的方法检测基因共表达网络中的功能模块。这种方法首先融合不同条件下基因共表达谱数据构建完备的基因共表达网络，随后使用最大团算法挖掘网络中的功能模块。这种新的方法与其他方法相比，预测的结果有较强的生物功能相似性。通过转录和调控关系分析，预测功能模块中的基因有较高的概率被同一个转录因子所调控，从而为构建基因调控网络提供丰富的结果。

③传统的生物网络中功能模块的挖掘都是基于高聚合的模块结构是功能模块组织的唯一形式。然而，这个结论在生物网络中，特别是在蛋白质相互作用网络中存在可疑性。因此，我们发现一种与高聚合模块不同的 Bi-sparse 模块，然后结合二叉树理论和矩阵论提出一种新的方法（BTS 方法）来挖掘两种类型的功能模块。BTS 方法在蛋白质相互作用网络中挖掘的高聚合模块和 Bi-sparse 模块都组成功能单元。与其他方法相比，BTS 方法具有良好的性能：一是不需要预先设置模块的个数；二是挖掘的高聚合模块和 Bi-sparse 模块都具有显著性的生物功能相似性。

④我们把高聚合模块和 Bi-sparse 模块作为功能单元的组织形式共存于同一网络中这一概念进行泛化。我们整理了 4 种类型共 25 个网络，用 BTS 方法对 25 个网络中的模块进行分析，结果发现：（a）Bi-sparse 模块具有普遍性。（b）在社会网络中，Bi-sparse 模块中的人们充当着经纪人的角色，负责协调不同群体之间的矛盾，促进信息、技术和知识的交流等作用；在计算机软件网络中，Bi-sparse 模块中的结点具有相似的软件包属性；在生物复杂网络中，Bi-sparse 模块中的蛋白质或基因具有显著性的功能相似性。（c）复杂网络中的 Bi-sparse 模块拥有一些特性：一是 Bi-sparse 模块和高聚合模块相比，Bi-sparse 模块含有的结点较少；二是 Bi-sparse 模块在不同类型的网络中，具有一定的偏好性；三是存在复杂网络中的 Bi-sparse 模块有两种明显的拓扑结构。

本书主要内容来自笔者的博士毕业论文，它详细介绍了笔者攻读博士期间在生物网络中功能模块领域所做的工作。本书重点描述了笔者所做工作的创新之处：提出了一种衡量网络中结点之间相似的新距离，并在此基础上，揭示了生物复杂网络中多尺度模块特性能有效揭示蛋白质的从具体到一般的生物功能。不仅如此，本书还揭示了单一的模块结构组织形式不能很好地分割网络结点的相同属性。虽然本书尽可能地介绍生物复杂网络中功能模块挖掘的各个方面的内容，但由于笔者水平有限，书中难免存在疏漏和不足之处，欢迎各位专家和读者批评指正。

本书的相关工作得到了河南省高等学校重点科研项目（17B520001、16B413001）的大力支持，在此表示衷心的感谢。本书最后列举了主要的参考文献，在此对所引参考文献中的作者和出版机构表示感谢。

目　　录

第 1 章

绪　　论

当今社会，高新技术的创新和发展超过了以往任何一个时期。处在包括信息技术在内的高新技术发展的年代，自然世界和人类社会都得到了蓬勃发展。它们的发展需要人们拥有更多、更强的认识自然和改造社会的工具。面对纷繁复杂的自然界和人类社会，复杂网络的出现为人们研究现实社会提供了有力的武器。复杂网络是复杂系统最为常用的建模形式。复杂网络作为一个新兴的研究领域，它的基本理论与计算机科学、生命科学、数理科学甚至社会科学等众多领域紧密相关。在本章中，首先介绍了什么是复杂网络及其国内外的研究现状；然后主要介绍复杂网络中模块结构性质及其研究现状，以及模块结构在生物网络中的研究意义和研究现状；最后给出本书的主要研究内容和组织结构。

1.1　复杂网络

1.1.1　复杂网络的概念

网络（network）一般可以表示为一个由结点（node）集 V 和边（edge）集 E 构成的图 $G = (V, E)$[1]，如图 1-1 所示。结点是某种具体事物的抽象，边对应着现实世界中事物与事物之间存在的某种关系。网络的研究是图论中研究的重点内容，而最早的图论研究可以追溯到 18 世纪著名的数学家欧拉（Euler）对大家熟知的"Konigsberg 七桥问题"的解决[2]。欧拉利用数学抽象法把 4 块陆地抽象为 4 个结点，而 7 座桥抽象为连接陆地的 7 条线。进而"Konigsberg 七桥问题"的研究就转化为图论的研究。复杂网络的研究和图论的发展紧密相连、一脉相承。

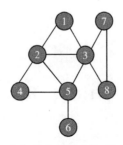

图1-1　一个包含8个结点和11条边的网络

在现实世界中，处处有复杂网络的存在。例如，我们生活在一个庞大的社会系统中，人的社会属性决定我们在社会中和他人会发生各种联系和关系。在这个人类社会中，如果把社会中每个个体看作一个结点，而个体和个体之间的关系当作边，那么，我们生活的社会系统可以用各种属性的社会网络得到很好的刻画。例如，人们之间亲戚社会网络、朋友社会网络、商人之间的商业合作网络，研究人员之间技术交流及文献引用网络[3]（图1-2）。

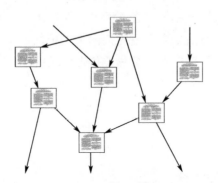

图1-2　文献引用网络

以计算机和万维网（World Wide Web）为代表的高科技领域同样存在复杂网络。因特网（Internet）是计算机领域最为典型的一种网络[4]，这种网络的结点是主机（host），边是主机和主机之间的物理连接。因特网的出现代表着一场革命的到来。它的出现使整个世界变得越来越小，地球一端可以随时联系到另一端的人们；也可以使分散在世界不同地区的人们迅速地共享资源。因特网的出现也促使了另外一种新的通信网络（communication network）：万维网。它由不同网页（web pages）之间的超链接构成，是迄今为止人们构建的最大网络[5]，并且还在逐渐增大的一个网络。与因特网不同，万维网是一个有向网络，网络中的结点代表的是网页，边是不同网页之间的超链接。因特网和万维网彻底改变了人们的思维方式：保守的思维从此被打破，资源和知识的共享达到了空前绝后的程度。不仅如此，万维网的大规模性为人们研究网络的拓扑结构提供了可靠的统计分析数据。

在生命科学领域，特别是在系统生物学（System Biology）领域存在多种多样的生物复杂网络。在复杂的生命系统中，蛋白质执行其生物功能时，它往往和其他蛋白质共同合作，这种合作通过蛋白质与蛋白质之间的物理相互作用来实现。蛋白质相互作用网络[6-7]（protein-protein interaction network，PPI network）是一个包含了一系列蛋白质相互作用的集合。在这个网络中，结点代表蛋白质个体，边代表的是两个蛋白质之间的相互作用关系。图 1-3[7] 给出一个蛋白质相互作用网络的例子。另外一种典型的生物网络是代谢网络[8]（metabolic network）。代谢网络中结点代表的是代谢底物（metabolic substrates）或者产物（produces），而边代表的是底物或产物之间的代谢反映。代谢网络处于生命活动的末端，是生命体存在最为重要的化学引擎。代谢网络的重构对研究人们的重大疾病有着开拓性的意义。在基因调控网络中[9-10]（gene regulatory network），结点可以是转录因子（transcription factor）或基因，而边表示转录因子和基因之间的调控关系。基因调控网络的研究，对药物研究有着非常重要的意义。一个引起疾病的突变基因受一个转录因子的调控，如果我们能够研制出割断转录因子调控基因的链条，那么就能对疾病有很好的控制。同样，基因和基因之间也存在共表达（co-expressed）现象，进而构成了基因共表达网络（gene co-expressed network）[11-12]。与蛋白质共同合作执行生物功能一样，基因和基因之间通过共同表达来控制生命体的多样性。

另外，关系着国计民生的基础设施方面也存在很多网络，如电力网络[13]、通信网络和交通网络[2]。经济领域，存在经济网络和金融网络。总之，网络与人们生活、学习和工作密切相关。以上我们给出的只是复杂网络在现实世界中的冰山一角。其实，复杂网络无处不在，无时不有。复杂网络的研究有着重要的意义：第一，复杂网络的出现改变了人们的研究方式。对于一个复杂系统，以前的研究人员总是把复杂系统分解成单独的部分，进而对单独的部分进行详细的研究。人们认为只要对部分有很好的研究，那么就能对系统有全面的把握。然而，事实证明，这种研究方式并不能系统地了解

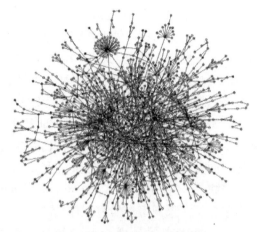

图 1-3　一个蛋白质相互作用网络

整体。甚至，部分研究得越详细，有可能对系统的研究带来相反的作用[14]。而复杂网络可以很好地抽象复杂系统，进而可以从整体上展开研究。第二，当今的社会是一个信息大爆炸的时代，数据已经覆盖到社会的方方面面。大数据时代的到来，要求我们拥有强有力的工具处理大数据，进而认识自然界和人类社会。在这种形式下，复杂网络就成了我们研究大数据的先进设备。第三，复杂网络的基本理论渗透了计算机科学、数学科学和生命科学等多个领域，因此，它的研究也可以带动交叉学科的蓬勃发展。复杂网络理论的日益完善和其良好的特性推动着网络科学以一个前所未有的速度向前发展。

1.1.2　复杂网络中的主要参数

度（degree）是复杂网络中一个非常基本的参数，一个结点的度可以描述为这个结点的邻接结点个数或者是这个结点连接边的个数。如果一个结点 i 的度表示为 k_i，那么 $k_i = \sum_{j=1}^{N} w_{ij}$，如果结点 i 与结点 j 有边相连，$w_{ij} = 1$；如果两个结点没有相连，$w_{ij} = 0$，N 是网络中结点个数。网络结点的平均度 k 可以部分地反映网络的稀疏程度。与度相关的另外一个概念是度分布（degree distribution）[3]。如果我们把结点度为 k 的数目占网络结点总数目的比例记为 P_k，那么网络中结点不同度的统计分布即为度分布。不同的网络一般情况下都具有不同的度分布。如随机网络和小世界网络服从 Possion 分布，许多实际网络具有幂率分布。

最短路径（shortest path）和平均最短路径长度（average shortest path length）：最短路径表示的是经过网络中两个结点之间最少的边数。最短路径在网络中的通信和运输方面都发挥着重要的作用。网络中任意两个结点之间最长的最短路径为网络的直径（diameter）。一个网络的平均最短路径：$L = \dfrac{1}{N(N-1)} \sum\limits_{i, j \in V, i \neq j} SP_{ij}$。结点之间的最短路径在网络中模块结构（modular structure）的形成过程中也起着重要的作用。

聚类系数（clustering coefficient）[1,15]是用来描述一个结点的直接相邻结点之间的边的连接情况。一个结点 i 有 U_i 个邻接结点，这 U_i 个结点之间存在 l_i 条边，那么这结点的聚类系数为：$CC_i = \dfrac{l_i}{U_i \times (U_i-1)/2}$。整个网络的聚类系数是所有网络中结点的聚类系数的平均值。结点的聚类系数定义了网络的局部特性。与聚类系数相关的另外一个网络特性是聚集性（clustering），又可以称为传递性（transitivity）。传递性描述的是一个结点的邻接结点的属性：$T = \dfrac{\text{包含结点 } i \text{ 的三角形的数量}}{\text{以结点 } i \text{ 为中心的连通三元组的数量}}$。

结点介数[16]（betweenness）和边介数[17]：给定一个结点 i，它的结点介数是网络中任意两个结点之间通过该结点的最短路径的数目。我们可以把结点 i 的介数表示为：$b_i = \sum\limits_{j, k \in V, j \neq k} \dfrac{n_{jk}(i)}{n_{jk}}$，$n_{jk}$ 是连接结点 j 和 k 的最短路径的数目，$n_{jk}(i)$ 是连接结点 j 和 k 的最短路径，并经过结点 i 的数目。结点介数来源于社会网络中评估个体重要性的指标，它是衡量结点中心性（node centrality）的标准指标之一。在实际的网络中，结点介数也可以用来衡量一个结点通信能力的好坏。边介数是结点介数的一种扩展形式。它的定义是通过某一条边的最短路径的数目。

1.1.3　复杂网络研究概况

虽然复杂网络的研究最早可以追溯到欧拉研究"Konigsberg 七桥问题"，但是在欧拉研究上述问题的很长时间后，人们并没有对图论问题进行深入的研究。到 1936 年，著名的匈牙利数学家 Erdos 和 Renyi 建立了随机图理论（random graph theory）。他们研究的随机图模型（ER 随机图）是从数学的角度研究复杂网络的开始。在随机图模型中，图中任意两个结点都以相同的概率 p 相连，那么一个含有 N 个结点的随机图中边的总数是一个期望值为 $p[N(N-1)/2]$ 的随机变量。由此可以得到，产生一个含有 N 个结点和 M 条边的 ER 随机图的概率为 $p^M(1-p)^{N(N-1)/2-M}$。掀起人们对复杂网络研究狂潮的是来自《Nature》和《Science》杂志上的两篇创新性的论文。一篇是 D.J.Watts 和 S.H.Strogatz 发表在《Nature》杂志上的有关网络小世界（small-world）的论文 "Collective dynamics of 'small-world' networks"，这篇论文深入揭示了复杂网络的小世界特性，并建立了一个小世界网络模型[13]。另外一篇是 A.L.Barabási 和 R.Albert 发表在《Science》杂志上题为 "Emergence of Scaling in Random Networks" 的论文[18]。它揭示了复杂网络的无标度（scale-free）性质。随后，世界各地的研究人员对复杂网络的研究工作如火如荼地展开了，学术成果层出不穷。小世界模型在生物网络和技术网络（technological network）中都有所表现，这些网络中都具有小的平均最短路径和聚类系数。最为明显的小世界模型是网络中的社团或者模块结构（community or module structure）。除了 Watts 等人研究的小世界特性基本模型外，人们也研究了很多网络改进的模型，如 Newman 和 Watts 提出性能较好的 NW 小世界模型[19]，这个模型更有利于人们对网络的分析。随着网络的无标度性质出现后，研究人员分析了很多不同类型网络的无标度属性的参数，网络的综述文章[5]给出了这些统计的结果。随后，人们进一步研究了一些网络的模型[5]，如随机图（random graphs）模型、静态无标度（static scale-free）网络和演化无标度（evolving scale-free）网络。最近几年，随着 Barabási 实验室发表在《Nature》杂志上的一篇文章 "Controllability of complex networks"[20]出现后，可控性也成为复杂网络的研究热点[21]。与复杂网络属性相关的鲁棒性也吸引了人们的研究[22-23]，并取得丰硕的成果。从 2002 年起，网络中的社团（或者模块）结构也成为网络属性的一个研究热点。本书也是从复杂网络中社团结构出发，进一步研究生物网络中的模块结构。

　　国内学者也较早地开始对复杂网络进行研究。2002 年上海交通大学的汪小帆在国外杂志发表了一篇有关复杂网络研究的文章[24]，文中主要回顾了国外复杂网络研究的进展，其中包括网络的平均路径长度、聚类系数、度分布等网络特性，并介绍了网络的一些模型，如规则网络、随机网络等网络模型，以及复杂网络的同步性问题。国内杂志上最早发表有关复杂网络的论文是朱涵 2003 年在《物理》杂志上发表的一篇有关网络建筑学的文章[25]，论文介绍了网络的产生、抽象、参数及网络的未来前景等问题。2005 年，周涛等人撰写综述文章，着重阐述了网络中传播动力学的问题[26]。李翔等认为择优连接机制不会在整个网络上都起作用，而只会在某个局域世界里发挥作用，通过引入局域世界的概念对 BA 网络模型进行推广，提出局域世界演化网络模型[27]。研究表明，该模型保持了无标度网络的鲁棒性，同时改善了无标度网络固有的面对恶意攻击的脆弱性。陈庆华等为了进一步研究无标度网络的增长性和择优连接性，通过对网络结点进行重新连接建立 BA 网络模型的两个拓展模型。章忠志和荣莉莉提出 BA 网络的一个等价的演化模型[28]，在这个演化模型上，利用平均场近似方法，深入探索并得到了模型上网络的结点度分布和聚集系数，并对网络的平均路径长度进行数值模拟。结果表明，其演化成的结构特性与 BA 网络相同。2013 年席裕庚发表文章阐述了大系统控制论和复杂网络之间的关系[29]。2014 年有众多的国内网络研究专家阐述了复杂网络研究的机遇和挑战[30]。在中文书籍方面，2006 年，汪小帆等人出版网络方面书籍[2]，该书籍首先介绍了网络基本理论知识和网络的基本模型及其性质。然后逐步介绍了网络的动力学、搜索和社团结构、同步和控制等相关问题。2011 年，上海大学史定华编写网络专著教材[31]，该教材先从网络的建模和统计出发，紧接着重点介绍了网络的稳定性、结点的度及其相关的问题。2012 年，汪小帆、李翔和陈关荣再一次出版了新的网络书籍《网络科学导论》[1]，该书籍详细介绍了复杂网络方面最新的研究进展和基础理论知识。

复杂网络可以详细地分为多种类型的网络，如社会网络、技术网络、经济与金融网络、生物网络等不同类型的网络。生物网络是复杂网络中研究比较深入的网络，因为生物网络的研究和生命科学紧密相关。用计算机、数学和物理等角度研究生物网络是生物信息学的研究范畴。生物信息学是一门交叉学科[32-33]，与复杂网络的研究一样，它的研究涉及了计算机科学、数理科学和物理科学等众多学科的内容。从模式识别的角度看待生物信息学，研究内容主要包括蛋白质组学、基因组学、代谢组学和系统生物学。而生物网络几乎渗透了生物信息学研究的各个领域，但是最为瞩目的成就体现在系统生物学（system biology）上。系统生物学是以整体的视角研究生物学，打破了以往以单个基因或蛋白质为研究单位模式，而生物网络是研究系统生物学最为有力的工具。

生物复杂网络和其他类型的复杂网络一样具备一些基本属性，如度分布特性和聚集性。Thomas 等人通过研究发现，蛋白质相互作用网络同样具有幂率分布[34]；与随机网络相比，代谢网络拥有较强的聚集性[8]。人们研究的生物网络主要包含 3 种类型：蛋白质（或基因）相互作用网络、代谢网络和转录调控网络（transcriptional regulatory network）[35]。在相互作用网络中，结点是由蛋白质或者基因构成的，而边代表的是它们之间的物理相互作用信息。除了研究相互作用网络的一些基本属性外，它的模块结构属性得到广泛的研究。实验证明，模块结构中的蛋白质具有相似的生物功能。不仅如此，蛋白质复合物在相互作用网络中也呈现一定的模块属性。对网络中模块结构的分析可以帮助人们预测蛋白质和基因的未知功能。因此，人们提出很多算法分析网络中的模块结构。Ji 等人撰写综述论文，系统地回顾了蛋白质相互作用网络中模块挖掘的进展[36]，而 Chen 等人从动态网络的角度回顾了蛋白质相互作用中功能模块和蛋白质复合物的识别[37]。然而，最令人遗憾的是，虽然人们开发了大量的算法分析功能模块和蛋白质复合物，但是他们却忽略了功能模块和复合物的从小到大的多尺度（multi-scale）特性。与相互作用网络不同的是，对于代谢网络，人们关注更多的是网络的构建和属性的研究。如 Luo 等人通过数学建模[38]，分析了光合作用代谢网络，并运用此网络分析了不同条件下对生物生长的影响。对前两种类型的生物网络来说，转录调控网络的构建更困难。在转录调控网络中，结点代表的是基因或者转录因子，边是基因之间的转录调控关系[10]。基因调控关系的构建可以为生物学家进行实验减少大量的财力和物力。对它们的分析，可以为药物研制提供有力的依据。利用转录调控网络的分析结果可以有效地寻找引起疾病的靶基因，进而研制相应的药物来切断这种调控关系，阻止疾病的发生。本书主要研究了生物复杂网络的模块特性（一般情况下，在生物网络中，人们称社团为模块），因此，在接下来的章节中，我们对复杂网络中的社团研究概况和生物网络中的模块结构研究现状做具体的阐述。

1.2　复杂网络的模块结构

1.2.1　社团的定义及其研究意义

　　既然复杂网络是现实复杂系统的抽象，那么复杂网络也应该具备现实复杂系统的一些特性。在现实世界中，网络具有小世界性，具有相似属性的事物往往容易形成一个团体，在网络中就表现为网络的社团或模块结构（community or modular structure）[17,39,40]。在一个网络中，社团结构要求其内部的结点之间的边紧密连接，不同社团之间的边连接稀疏。图 1-4[39] 给出了网络中社团的示意，图中的网络包含有 12 个结点，这 12 个结点可以划分为 3 个社团，在每个社团中，内部的结点紧密相连，而与外部结点的连接较为稀疏。

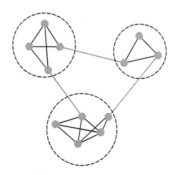

图 1-4　网络社团结构

　　网络中社团的检测对理解网络结构和动态性都有着重要的意义。社团结构属性被成功地应用到各个领域中。在生物科学的蛋白质相互作用网络中，功能相似的蛋白质在蛋白质相互作用网络中往往以社团（或模块）的形式存在[6]。因此，根据同一社团中已知蛋白质的功能可以预测未知蛋白质的功能。在蛋白质相互作用网络中，蛋白质复合物（protein complex）同样以社团结构的形式存在于自然界[41-42]。在人类社会中，人以类聚是社团结构在社会网络中的真实写照。具有某种特性的人们总是聚集在一起，从而形成一个社团[39]。利用社会网络中的社团结构，社会学家可以很好地研究人们的社会群体性行为、心理行为、兴趣爱好等方面。在 WWW 网络中，通过对社团的分析，人们可以在不知道网页文本内容的情况下得到相关或者相似主题的页面[43]。这种分析可以在页面数量爆炸性增长的趋势下过滤不相关的信息，进而快速得到有用的信息。

1.2.2　社团结构研究现状

网络中社团结构的研究在各个领域都起了很重要的作用，引起人们极大的兴趣和广泛的关注。发展到现在，人们提出很多种理论和方法对社团进行深入的研究和分析。这些算法主要分为以下几个大类：谱聚类方法、分裂方法、合并方法、基于模块度的优化和扩展方法、基于随机游走模型算法和多目标优化方法。下面我们对这些算法的基本理论及它们的优缺点做具体的介绍。

1.2.2.1　谱聚类方法

谱平分法（spectral bisection）是谱聚类方法（spectral dustering）中的一种，它的一种典型方法是基于网络的拉普拉斯矩阵（Laplacian matrix）分解特征值的方法。一个网络的拉普拉斯矩阵[44]可以表示为 $L=D-W$，D 是对角矩阵，其对角线上的元素对应各个结点的度；W 是网络的邻接矩阵。拉普拉斯矩阵有很多良好的特性，如它的特征值和特征向量与网络的社团结构有紧密的联系。拉普拉斯矩阵的最小特征值为 0，与该特征值对应的特征向量是一个元素值均为 1、大小为 N 的向量（N 为网络结点的个数）。在理想的情况下，如果网络是由 k 个孤立的子网络组成，那么这个网络的拉普拉斯矩阵有 k 个值为 0 的特征值，而与 k 个特征值对应的特征向量中的元素值标示了网络社团的类别。如果 k 个子网络之间有少量的边连接，进而构成一个连通的网络，那么其拉普拉斯矩阵的特征值中，除了一个为 0 的特征值外，还存在 $k-1$ 个接近于 0 的特征值，而这 $k-1$ 个特征向量中的元素值指示了社团结构属性[2]。基于这样的理论，谱平分法是根据网络的拉普拉斯矩阵的第二小特征值对应的特征向量对网络进行划分。由于网络的拉普拉斯矩阵是实对称矩阵，它的特征向量是相互正交的。因此，第二小特征值对应的特征向量由正负数值构成，那么根据这些正负数值可以将网络中对应的结点划分在对应的两个社团中。谱平分法的算法复杂度较低为 $O(N^3)$，但是大多数情况下，网络的拉普拉斯矩阵是一个稀疏矩阵，因此，可以用快速算法计算其主要的特征向量。谱平分法只能将网络划分成两个社团，如果要将网络划分多个社团，那么需要每个子社团多次使用谱平分法，进而实现多社团的分析。

只要使用有关邻接矩阵（或者是邻接矩阵的变种）特征值的方法都可以称为谱聚类方法。在谱聚类方法中，使用分解特征值和特征向量的矩阵一般称为操作子（opertor）。除了拉普拉斯矩阵作为谱聚类的操作子外，其他经常使用的操作子还包括：归一化的拉普拉斯矩阵 $NL = D^{-\frac{1}{2}} L D^{-\frac{1}{2}}$，$D$ 是对角矩阵，其对角线上的元素对应各个结点的度；随机自由游走矩阵[45] $R = WD^{-1}$，W 是网络的邻接矩阵；模块度矩阵[46] $M_{uv} = W_{uv} - \dfrac{d_u d_v}{2M}$，$d_u$ 和 d_v 分别表示结点 u 和 v 的度，M 是网络边数。

虽然谱聚类方法能挖掘网络中社团结构，但是这种方法存在一些明显的缺陷。如谱平分法每次只能将网络分成两个社团，如果要将网络分成多个社团需要每个子社团多次执行该算法[2]。最为主要的是，我们无法知道何时停止该算法，并得到最优的网络分割。谱聚类方法对操作子的波动非常敏感，如果对一个网络增加极为少量的边和结点，网络的操作子发生变化，进而使用谱聚类方法得到的社团结构也会发生变化[44]。除此之外，面对稀疏网络中的社团结构，谱聚类方法会变得无能为力[44]。

1.2.2.2　分裂方法

虽然谱聚类方法在一定程度上能解决网络中社团的划分，但是如前所述，有很多方面的缺陷。本小节介绍另外一种不同思路的方法——分裂方法。分裂方法总的思路是：先把网络看成一个大的社团，然后通过不同的方法把不同的结点划分在不同社团中。早期最为典型的分裂算法是 GN 算法，是由 Girven 和 Newman 在 2002 年提出的一种通过逐步移除不同社团之间存在的边的方法来分析社团结构[17]。这项工作不仅是研究人员在大规模网络上挖掘社团的开端，也是人们开始大规模研究复杂网络的开端。人们开始用计算机等现代的手段来处理和分析各种类型的复杂网络和复杂系统。此后，人们对网络中的社团开始了广泛而深入的研究，研究人员不仅涉及物理学家、更多的数学家、计算机学家、生物学家等领域的人们开始关注和研究网络中的社团结构。GN 算法首先最大限度地寻找不同社团之间可能存在的边；接下来，不断删除社团之间的边来分析网络中的社团。GN 算法最为关键的步骤是定义社团之间的边，而这些边是通过边的介数值来判断：边的介数为网络中所有结点间的最短路径中通过这条边的路径数量。如果网络具有较强的社团结构，那么社团之间的边总具有较高的介数值。通过逐步移除这些高介数值的边，网络就能划分成不同的社团。

然而，这种算法存在很大的缺陷就是不能得到一个很好的网络划分，因为我们不知道在整个分裂的过程中哪种分割状态是较优的网络分割。因此，在后面的研究过程中，人们定义了一些衡量社团网络分割好坏的标准。其中最为著名的是 Newman 等人提出的一种衡量网络划分好坏的度量方式——模块度[47-48]（Modularity，Q）。使用 Q 不仅可以衡量不同社团挖掘算法的好坏，还可以挖掘网络中的社团。除了最短路径边介数，电流介数和随机游走介数也是两种有效的边介数。但是与前者相比，计算这两种介数需要 O（N^3）的时间复杂度。

为了解决算法时间复杂度和最优社团划分的问题，Radicchi 等人在 GN 算法的基础上提出一种新的分裂算法[49]。这种算法仅需要计算网络的一些局部特性。与 GN 算法中的边介数不同，Radicchi 提出的算法是通过定义边聚类系数 $C_{i,j}^{(g)}$ 来寻找社团之间的边。基于社团内部结点之间的边连接稠密和社团之间的边连接稀疏的特点，边聚类系数值低的边往往对应于社团之间的边。在此基础上，Radicchi 等人还给出了强社团和弱社团的定义，如果一个子网络 V 中，满足公式 k_i^{in}（V）$>k_i^{out}$（V），$\forall i \in V$，则子网络 V 为一个强社团，即社团 V 中所有结点 i 在 V 内部结点之间的边连接 k_i^{in}（V）大于它们与网络其他部分结点边的连接 k_i^{out}（V）；如果在一个子网络中，满足公式 $\sum_{i \in V} k_i^{in}(V) > \sum_{i \in V} k_i^{out}(V)$，即 V 中所有结点在 V 内部的度数和大于它在外部的度数的和，那么这个子网络是弱社团。因此，Radicchi 等人提出的算法每次都用强社团和弱社团的定义来测试获取的子网络，进而保证树状图的增长。由于采用了边聚类系数作为社团边的判断，而边聚类系数可以很快被计算，因此，算法有较低的复杂度。但是该算法是基于网络中存在很多的回路这一假设，而在社会网络中确实存在很多回路。然而，其他类型的复杂网络中，这样的情况却很少见。因此，这个算法的应用范围有一定的局限性。

Wilkinson 等人通过分析电子邮件网络和基因调控网络发现，在计算边的最短路径介数时只需要考虑网络中一些特殊结点到网络中其他结点的最短路径，而不需要计算网络中所有的结点[50]。通过网络中部分结点的最短路径获取边的最短路径介数不仅能降低算法的时间复杂度，而且能分析社团中的重叠结点（overlapped nodes）。Chen 和 Yuan 指出[51]，因为在计算边介数时考虑了所有可能的结点间最短路径，导致 GN 算法获得的网络分割是不均衡的。因此，他们通过分析网络特性提出一种变种的 GN 算法，这种算法在计算边介数时只考虑结点之间互相不相交的最短路径。信息中心度（information centrality）是一种用来衡量聚类分析中类别重要性的一种指标。为了准确地分析社团结构，Fortunato 等人使用它来衡量社团之间可能存在的边[52]：信息中心度高的边往往对应于社团之间的边。虽然该算法需要计算网络中每一条边的信息中心度，时间复杂度较高，但是该算法能有效地处理社团结构比较弱的情况。

1.2.2.3　合并方法

合并方法和分裂方法相反，合并方法首先把每一个结点看成一个社团；其次，根据某种规则合并两个结点；再次，计算合并两个结点后某种度量方式是否增加或减少；最后，重复步骤二和步骤三，直到满足某种条件停止合并，形成网络的社团结构[39]。然而，合并的方法也可以具体地分为两种类型，一种是使用某种规则直接合并两个结点：合并两个使某种目标函数增加最大的两个结点。另外一种是层次聚类的方法，使用层次聚类的方法与前面的方法不同，它们是首先定义两个结点的距离，然后合并距离最大或者最小的两个结点，直到某种目标函数不再增大或减小。

基于模块度（Q）[47]目标函数的方法是典型的合并方法。模块度定义的出现引起了人们对大规模网络中社团研究的狂潮。它不仅是一种挖掘社团的方法，还是一种衡量社团好坏的标准。模块度 Q 是基于随机网络不存在社团结构的假设定义的，其定义如下：

$$Q = \sum_{s=1}^{c} \frac{l_s}{M} - \left(\frac{d_s}{2M} \right)^2 。 \tag{1-1}$$

其中，l_s 为社团 s 内的边，d_s 为 s 所有结点度的和，M 为网络中的边数。Newman 依据模块度 Q 作为目标函数，每次合并使 Q 增加最大的两个结点，直到得到的 Q 减小时，停止合并。这种算法和层次聚类的算法非常相似，每一次合并使 Q 增加最大的两个结点。但是，优化模块度 Q 是个 NP 问题。因此，Newman 等人提出一种基于贪婪思想的算法[48]，它是一种近似的模块度最优划分方法。由于现实世界中很多网络是稀疏网络。稀疏网络的存在为优化模块度 Q 提供了方便。Clauset 等人[53]使用复杂的数据结构来堆放合并两个结点之后的变化值 ΔQ_{ij} 和每行对应的最大变化值。由于使用了复杂的数据结构，Clauset 等人提出的方法运行速度较快，能够处理大规模的网络。Danon 通过分析 Newman 快速算法中结点的度和模块度 Q 之间的关系[54]，提出一种新的方法优化 Q。这种方法能每一次合并使模块度变化值 ΔQ 增加最大的两个结点，因而能获取较优的结果。由于 Danon 提出的方法使用的是树状图来表示社团结构，而树状图的不平衡也可能会导致网络划分的不平衡。为了解决网络划分的不平衡问题，Wakita 等人提出一种能均衡合并社团的算法[55]，在每次计算合并结点后的变化模块度 ΔQ 时，引入了一个合并比（consolidation ratio）的乘子来做相应的修正操作。实验证明，这种新的算法获取的模块度值与 Cluset 算法相比有所降低，但是能以均衡的方式处理大规模的网络。

另外一种合并方法是层次聚类的方法，很多文献中把层次聚类的方法划分到传统的方法中，其实直到今天为止，层次聚类的思想还被广泛地应用。层次聚类的思想不仅仅应用到社团划分的领域中，它还被应用到更为广泛的领域中[56]。比如，很多优化 Q 的方法，它们总是合并 Q 增加最大的两个结点，直到 Q 不再增大为止，进而形成了一个树状的结构，其实这种策略就是层次聚类的思想（图 1-5）[61]。但是，层次聚类方法又是合并方法的一种，每次都合并距离最近或者是相似性最高的两个结点，直到合并到一个社团为止。层次聚类的方法并不是一种方法，而是一个家族[56]。具体的每种聚类方法依据使用相似性和连接方式不同而不同。这些连接方法主要包括了单连接层次聚类（single linkage hierarchical clustering）和全连接层次聚类（complete linkage hierarchical clustering）。使用层次聚类算法来挖掘网络中社团结构，最为主要的一个步骤是定义网络中两个结点的相似性。因此，人们提出很多方法来计算网络中结点的相似性。大体上来说，这些相似性可以分为两种类型，一种是基于网络局部拓扑结构，如 Jaccard 相似性[57]、LHN-Ⅰ相似性[58]等；另一种是基于网络全局拓扑结构，如 Katz 相似性[59]、LHN-Ⅱ相似性[58]和重启的随机游走（RWR）[60]等。除了使用网络中结点相似性来实现层次聚类。近期，有些研究者使用网络中边的相似性来挖掘网络中的社团结构，因为边的属性远远优于结点的属性[61-62]。

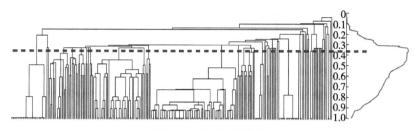

图1-5 层次聚类示意

使用层次聚类算法挖掘网络中的社团同样存在一些缺点。例如，在聚类过程中，我们需要预先设置网络中社团的个数，然而网络中社团的个数我们并不知道。因此，为了能够得到最优的网络分割，需要定义一个目标函数来自动地停止合并过程。另外，层次聚类算法会过度依赖研究者所使用的结点或边的相似性，如果使用的是基于网络局部特性的相似性，那么这种层次聚类方法有可能会得到一些内部结点强连接的社团，进而产生较多的无意义小社团[17,56]。因此，就会产生网络的过分割（over-partition）现象[63]，即预测的社团比真实的社团小。如果层次聚类过程中使用基于网络的全局拓扑结构，就会产生网络的欠分割（under-partition）现象[63]，即预测的社团比真实的社团大。因此，使用层次聚类算法挖掘网络中的社团需要定义一个合适的结点或边相似和一个合理的目标函数。

1.2.2.4 基于模块度的优化和扩展方法

模块度方法的出现引起了人们对社团研究的极大兴趣，在网络社团方面有着划时代的意义。它本身不仅仅是一种挖掘社团的方法，更是一种衡量社团好坏的标准。模块度越高，挖掘的社团就越好。模块度从理论上定义了社团的好坏。因此，不同的优化方法只要优化 Q，就可以获得较好的网络分割，于是出现了很多优化模块度 Q 的方法。

Guimera 等人使用模拟退火算法（Simulated Annealing，SA）[64]来优化模块度 Q[47,65]。SA 算法是一种基于随机的全局优化算法，它通过搜索解状态空间来获得目标函数的最优值。通过单结点移动和结点集的移动来获得 Q 的最大值。在每次给定的温度下，该算法通过结点随机地从一个社团移动到另一个社团，同时执行两个社团合并或者一个社团分裂成两个社团的操作，来获得当前温度下的局部最优的 Q。通过不断降低温度，搜索全局最优的 Q，进而得到网络社团的划分。由于 SA 算法运行速度较慢，Blondel 等人提

出了一种新的算法来优化 $Q^{[66]}$。这种方法主要包含两个步骤：第一步，与层次聚类算法相似，把每一个结点看成一个社团；第二步，对于结点 i，把它从本身所在的社团中移到其邻接结点的社团中，并计算模块度 Q 的变化值。如果移动后的变化值大于 0，那么就把结点 i 转移到其邻接结点的社团中，迭代步骤二，直到所有的结点处理完毕。实验证明，这种方法和结点的移动顺序有关，但是不同结点的移动顺序只会影响到算法的计算时间，而对模块度 Q 的影响较小。

Duch 等人利用极值优化（Extremal Optimization，EO）算法优化模块度 $Q^{[67]}$。极值优化的方法是一种通过改善极限局部变化达到全局优化的启发式算法。这种算法是一种逐步分裂的方法，把网络中的每一个结点看作优化过程中的局部变量，并在这个过程中逐步调整不同社团中的结点，以达到全局优化的目的。从实验的结果来看，极限优化算法能达到较高的 Q，并且算法的运行效率较高。同样，遗传算法（Genetic Algorithm，GA）$^{[68]}$ 也被用来优化 Q。如果能设置合适的参数，就能得到较好的社团挖掘结果。而物理学家 Arenas 等人用禁忌算法（Tabu Algorithm）来优化模块度 $Q^{[69]}$。从某个初始社团划分开始，该算法通过结点随机移动到其相连的社团或者作为一个独立社团的方式获得下一次迭代搜索的最优起点，但结点的移动受到算法过程中不断更新的禁忌表（Tabu list）的约束。

为了优化模块度 Q，Newman 提出了一种类谱聚类的方法 $^{[46,70]}$。这种方法与谱聚类方法不同，它使用相应的操作子的特征值来优化 Q。首先，从模块度 Q 出发推导出操作子（$M_{uv} = W_{uv} - \dfrac{d_u d_v}{2M}$），并根据操作子的特征值指引对网络进行二划分。由于这种方法从 Q 出发，因此，能获得较高的 Q。与二分法不同，Richardson 等人提出了一种迭代三分的社团划分方法 $^{[71]}$。White 和 Smyth 从模块度公式出发，将模块度优化问题转化成 Q 的拉普拉斯矩阵的特征值求解问题，并用归一化的邻接矩阵来近似 Q 的拉普拉斯矩阵，利用所解得的特征向量将网络结点表示成向量，并用 K-means 聚类来获得社团的划分 $^{[72]}$。

1.2.2.5 基于随机游走模型算法

网络上的随机游走（random walk）模型是一种可以揭示网络结构的动态过程。游走者从网络上的某一结点开始，依一定的概率随机地选择一个与游走者所在的当前结点相邻的结点作为下一步游走的起点，并重复这一过程[45,73]。当游走者步长为无穷大时，游走者处在网络结点 i 上的概率只与结点 i 的度有关，而与游走者开始的起点无关。游走者在复杂网络上的游走痕迹能够很好地反映模块的结构特性。因此，人们利用随机游走模型开发了很多有效的模块挖掘算法。

Rosvall 等人利用随机游走的路径信息进而优化信息熵的方法来挖掘网络中的社团结构，此方法是目前挖掘非重叠社团最有效的方法之一[74]。网络上的随机游走模型另外一个优点是：随机游走者在很长一段时间内在社团内部的结点之间游走。Lai 利用这一特性，首先定义了网络中任意两个结点之间的 cosine 相似性，然后利用优化模块度 Q 的方法来挖掘网络中的社团[73]。很多研究人员同样使用随机游走的特性定义结点的相似性，进而使用聚类的方法检测社团。除了一般随机游走模型（generic random walk model），带偏的随机游走模型（bised random walk model）也被用来检测社团。Zhou 和 Lipowsky 使用带偏的随机游走模型定义两个结点之间的相似性：$P_{ij} = \dfrac{1}{K_i} \omega_{ij} (c_{ij}+1)^{\gamma}$，然后依据产生的相似性矩阵，使用层次聚类的方法挖掘社团结构[75]。尽管随机游走模型在社团检测领域取得了富有成效的成绩，但是有很多局限性。例如，只有在迭代次数合理的情况下，随机游走者才有可能长时间驻留在社团内的结点上。但是不同网络下需要设置的迭代次数不同。虽然很多研究人员定义了结点的相似性，但是这种相似性仅仅利用网络的局部或全局的拓扑信息，不能很好地揭示社团结构。与谱聚类很相似，基于随机游走模型的方法对复杂的真实网络和稀疏网络也变得无能为力。

1.2.2.6　多目标优化方法

使用多目标优化（multi-objective optimization）方法分析复杂网络中的社团结构是比较新的一类方法。上面介绍的很多方法都是基于单个目标优化，特别是基于模块度及其衍生的方法。在这些方法中，它们把社团分析问题完全转化为最优化的问题，最大的目标函数对应最好的社团结构。同样，在层次聚类过程中，我们也是选择最优的目标函数获取最好的网络分割。单个目标函数优化方法有明显的缺陷：如果某种优化函数有方法上的缺点，那么以这种优化函数为目标的一系列方法都会存在相应的问题。例如，优化模块度的方法都有可能存在模块分辨率的问题。如果为了摆脱模块度方法的模

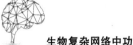

块分辨率问题[76]，研究人员会提出相应的改进方案，如提出考虑网络局部拓扑结构的改进方法，或者目标函数。然而，这些方法会陷入另外一种困境：网络的过分割问题，即把网络分割成较多无意义的小社团。解决这些问题的一个可行的办法是优化多个目标函数。

Shi 等人第一次把复杂网络中社团的分析规划为多目标优化问题，提出一种多目标优化算法 MCOD[77]。MCOD 方法识别网络中的社团结构主要分为两个步骤。第一步，优化不同的目标函数。对于不同目标函数的选取要满足不一致性，目标函数具有不一致性才能从不同的角度反映社团结构。他们首先根据模块度的定义［式（1-1）］推导出两个相互矛盾的目标函数［式（1-2）和式（1-3）］：

$$\text{int } ra(C) = 1 - \sum_{s \in C} \frac{l_s}{M}, \tag{1-2}$$

$$\text{int } er(C) = \sum_{s \in C} \left(\frac{d_s}{2M} \right)^2 . \tag{1-3}$$

其中，l_s 为社团 s 内的边，d_s 为 s 中所有结点度的和，M 为网络中的边数。式（1-2）定义了模块内的结点之间的边连接越紧密越好，而式（1-3）定义了不同模块之间的边越稀疏越好。然后使用进化算法（evolutionary algorithm，EA）同时优化这两个目标函数，得到一系列优化解。第二步，使用一种决策规则从一系列优化解中筛选一种较优解。实验验证，这种方法的性能优于单目标优化的方法，并能分析社团中重叠性的问题。使用变种的进化算法，Gong 等人也提出了多目标优化的社团分析方法 MOEA/D-Net[78]。MOEA/D-Net 使用的两个目标函数式是负比率关联性（negative ratio association，NRA）和比率分割（ratio cut，RC）：

$$NRA = -\sum_{i=1}^{C} \frac{L(V_i, V_i)}{|V_i|}, \tag{1-4}$$

$$RC = \sum_{i=1}^{C} \frac{L(V_i, \overline{V}_i)}{|V_i|} . \tag{1-5}$$

其中，V_i 表示的是网络中的一个子网络或者社团内结点，$\overline{V}_i$ 表示除去 V_i 中的其余网络结点。$L(V_i, V_i) = \sum_{i \in V_i, j \in V_i} w_{ij}$，$L(V_i, \overline{V}_i) = \sum_{i \in V_i, j \in \overline{V}_i} w_{ij}$，$w$ 是网络的邻接矩阵。与 MCOD 方法不同，MOEA/D-Net 方法使用的两个目标函数不仅从社团密度方面进行约束，而且从增加和减少社团个数方面进行限制。实

验验证这种方法在正确率方面有所提高。接下来，Gong 等人为了进一步提高社团分析的正确率，在 2014 年又提出一种改进的优化算法 MODPSO[79]。MODPSO 方法使用离散的粒子群优化算法（Discrete Particle Swarm Optimization, DPSO）优化两个目标函数。与前两种方法相比，这种方法的正确率有所提高。与前面使用进化算法优化多个目标函数不同，Clara Pizzuti 使用多目标的遗传算法（genetic algorithm）来识别网络的社团结构[80]，这种方法不仅能分析网络的社团，而且还能挖掘层次的社团结构。

1.3　生物网络中模块结构研究进展

生物网络（biological network）和其他类型的网络一样具有共同的属性，如结点度的无标度分布（scale-free distribution）、小世界特性及模块性（需要注意的是，在其他领域的网络中一般称为社团，而在生物网络中称为模块，但是它们的定义和含义是一样的）。功能模块、蛋白质复合物（protein complexes）和细胞通路（cellular pathways）在生物网络中都呈现一定的模块组织结构。因此，在 1.2 节提到的很多用于发现复杂网络中模块结构的方法也可以用来分析生物网络中的模块结构，如分裂方法和谱聚类方法。但是，生物网络也具有一些其他网络不具备的特性[36]。首先，生物网络中含有大量的噪声边，也具有特定的不完备性（incomplete），造成这种现象的主要原因是人们对自然界的认知不足和现有设备的限制。其次，生物网络的出现完全依靠人们对生物研究思考的改变：从单一到整体，而每一个生物网络的构建都依靠大量的生物知识。因此，在分析生物网络中的模块结构时也需要考虑生物背景。鉴于生物网络具有一些其他类型网络不具备的特性，人们也开发很多用于分析生物网络中功能模块和蛋白质复合物的算法。这些算法主要可以分为以下几个类型：基于图论的方法、流体力学的方法、核连接方法和群体智能的方法[36]。

1.3.1　基于图论的方法

基于图论的方法主要利用生物网络的拓扑结构，这类方法中很多方法的基本理论与 1.2 节使用的基本理论很相似，如层次聚类的方法、基于密度的方法和分割方法。

层次聚类的方法被应用到生物网络中，主要是因为生物网络具备一些层次特性，进而呈现一定的模块结构。层次聚类的方法首先根据一定的结点相似性逐步合并结点；其次，按照某种衡量机制停止合并，实现网络的划分。早在 2002 年，Ravasz 等人利用模块中心（module-hub）结构的方法揭示了代谢网络中的模块层次结构[8]。这种方法认为中心结点是构成网络层次结构的重要结点，并以中心结点为主要合并对象。低度的结点构成小模块，而大模块是通过合并两种类型的子网络得到：一种是小的模块；另外一种是由高度结点形成的模块。通过不断地合并小模块，进而揭示代谢网络的层次模块结构。这种方法虽然没有使用网络的一些生物信息，但是它也能有效地挖掘真实的功能组织。为了有效地融合网络中的生物信息，Arnau 等人提出了一种经典的层次聚类算法 UVCluster[81]。这种方法首先融合网络中的生物信息知识定义了两个蛋白质之间的距离；然后，使用距离矩阵进行层次聚类。UVCluster 方法有很多优点，如用途广泛、易于使用等。在 UVCluster 方法基础之上，Aldecoa 等人融合 RCluster 和 SCluster 方法提出了一种新的方法 Jerarca[82]。Jerarca 方法利用更多的生物知识生成蛋白质之间的距离；然后利用 UPGMA 算法构建网络的系统生成树；最后通过平均连接分布给出网络的最优分割。与 UVCluster 方法相比，Jerarca 方法在运行时间、输出结果方面都有较好的性能。为了能够分析大规模的生物网络，Cho 等人提出了一种更为有效的方法来发现蛋白质相互作用网络中的层次模块[83]。首先，使用生物距离把 PPI 网络转化为有权重的网络；其次，使用模块度把有权重的网络变成一个简单的网络；最后，通过优化最小的剪辑（cutting）算法来分析模块。

　　基于密度的方法是通过搜索高密度的连接子图来挖掘生物网络中的功能模块。为了挖掘网络中高密度的子图，Spirin 等人提出了 3 种方法[84]。第一种是鉴定网络中所有的完全连接子图（或者称为团 clique）。由于生物具有不完备性，所以这种方法有很大的局限性。因此，作者又提出另外两种方法来分析功能模块：Super Paramagnetic Clustering（SPC）和 Monte Carlo（MC）。与 SPC 相比，MC 在高密度的网络中性能更好，而 SPC 能有效地鉴定与网络中其余结点稀疏连接的模块。Bader 等人提出了 MCODE（Molecular Complex Detection）方法[85]。这种方法首先根据结点的局部邻接结点个数为每一个结点赋予不同的权重；其次，把权重大的结点作为模块的种子结点；再次，增加这些模块进而形成初步的网络划分；最后，通过后处理过程获得最终的功能模块划分。与层次聚类方法相比，MCODE 方法能够处理功能模块的重叠性问题。但是，它会产生一些不均匀的模块。MINE 方法[86]的工作原理和 MCODE 方法非常相似。但是，与 MCODE 方法相比，MINE 方法在性能方面有较高的召回率和正确率。CFinder 是一种分析生物网络中重叠功能模块很成功的方法[87]，这种方法的实现主要分为两步：第一步，使用团过滤方法识别网络中存在的 k-团（k-cliques）；第二步，合并临近的 k-团获得功能模块。CFinder 可以正确地发现生物网络中的重叠功能模块。但是，由于 CFinder 方法对模块的定义较为苛刻，因此，有可能会失去一些有意义的功能模块。2012 年，Efimov 等人提出了一种用来识别蛋白质复合物的新方法 PE-WCC[88]。针对生物网络的噪声问题，PE-WCC 首先利用一种新的评估方法对网络中的蛋白质作用对进行过滤；然后，用有权重的聚类系数来判别哪些模块接近于最大团的定义。PE-WCC 方法有优良的性能，并能达到较高的正确率。但是，PE-WCC 方法在衡量蛋白质作用对时会消耗较多的时间。

　　分割方法是一种比较常用的方法，它们旨在寻找一些网络中稀疏连接的结点，进而分割网络，如 King 等人提出一种受限的邻接结点搜索聚类算法 RNSC[89]。RNSC 方法是通过定义新的目标函数分析生物网络中的蛋白质复合物。由于使用相应的策略对预测模块的大小、密度和功能异质性进行过滤，因此，RNSC 方法的结果有较高的可靠性。但是，RNSC 方法最大的缺点是，需要根据先验知识确定网络中功能模块的个数。放射传播（affinity propagation，AP）方法[90]也被用来分析生物网络中的功能模块[91]。利用 AP 原理，Vlasblom 等人首先寻找功能模块中的中心蛋白质；然后，以中心蛋白质为起始，逐步加入对应的蛋白质，直到使定义的能量函数值最小为止。AP 方法有较低的时间复杂度，能够处理较大规模的生物网络。但是，AP 方法输出结果的性能较差。

1.3.2　流体力学的方法

　　虽然基于图论的方法可以有效地分析生物网络中的功能模块或蛋白质复合物，但是在一些不完备或有噪声的生物网络上性能极为受限。因此，人们提出一系列基于流体力学（flow simulation-based）的方法，进而提高方法的鲁棒性。流体力学的方法和网络上的随机游走模型、马尔科夫模型有很大的关联。TRIBE-MCL（Markov clustering）就是一种模拟网络上随机游走模型

（详见1.2.2.5节）的模块挖掘方法[92]。TRIBE-MCL方法首先利用随机游走模型中的随机矩阵（stochastic matrices）计算游走者到达网络中结点的概率；然后，利用膨胀和收缩两种操作来分割网络。与基于图论的方法相比，TRIBE-MCL方法有较强的鲁棒性。即使获取的生物网络含有一定的噪声和不完备性，TRIBE-MCL方法也能获得较好的性能。如前所述，用于分析生物网络中功能模块的方法可能会利用一些生物背景来提高方法的正确率。Cho等人利用基因本体论（Gene Ontology，GO）注释信息提出两种度量方式[93]：语义相似性（semantic similarity）和语义交互性（semantic interactivity），并用这两种度量方式筛选高质量的蛋白质相互作用对；然后，使用第一步定义的度量方法把PPI网络转化成一个权重矩阵；最后，使用流体的模块度方法识别网络中重叠的功能模块。由于使用GO注释信息，挖掘的模块具有更强的生物功能相似性。另外一种利用生物背景知识的方法是GFA（graph fragmentation algorithm）方法[94]，GFA方法融合了PPI数据和基因表达（gene expression）数据。GFA方法首先寻找网络中大的稠密子图；然后，根据基因表达谱数据的变化赋予蛋白质不同的权重。根据权重的大小把大的稠密子图逐步分裂，直到分割的子图足够小为止。与其他分析生物网络中蛋白质复合物的方法相比，GFA方法有优良的正确率和有效性。然而，GFA方法的计算速度和网络中的结点成正比，因此，这种方法在大规模网络上有较高的时间复杂度。

1.3.3　核连接方法

核连接（core attachment-based）方法不仅考虑了功能模块中的蛋白质尽可能紧密相连的特性，而且还考虑了模块中本质的组织形式。例如，在PPI网络中，蛋白质复合物往往包含一个中心核（core），中心核中的蛋白质往往是高共表达并拥有相似的生物功能，并且还有一些蛋白质围绕在中心核的周围。基于这种理念，Leung等人提出了识别PPI网络中蛋白质复合物的算法CORE[95]。CORE算法首先预测中心核中的蛋白质；然后，识别处于中心核附近的蛋白质；最后，按照某种机制对预测的蛋白质复合物进行重要性排序。CORE算法与其他经典的算法相比，有较高的预测精度。但是，它不能处理复合物的重叠性问题。为了解决复合物之间的重叠问题，Wu等人提出COACH算法[96]。与CORE算法相似，COACH算法也是先预测蛋白质复合物的中心核；然后，根据生物意义结构把中心核附近的蛋白质加入对应的复合物中。2012 年，Ma 等人提出了一种基于核中心连接方法来检测蛋白质复合物[97]。这种方法根据真实 PPI 网络的特征值和特征向量构建一个虚拟网络，在这个虚拟网络中，每一个最大团对应的是复合物的中心核。然后以这些中心核为中心合并其附属的蛋白质，进而形成蛋白质复合物。实验验证，Ma 等人的方法性能优于 MCL、DPClus 等方法，并且有较好的鲁棒性。但是，由于其较高的时间复杂度，有可能使 Ma 的方法不能应用到大规模的网络上。总体来说，由于核连接的方法有效地融入了一些生物学知识，所以这些方法与其他方法相比拥有优良的性能。

1.3.4 群体智能的方法

群体智能（swarm intelligence-based）方法是一类基于种群的启发式方法。它们通过模拟一群社会性昆虫的集体性行为来寻找优化问题中近似最优解。例如，Sallim 等人运用蚁群优化算法（ant colony optimization，ACO）来识别生物网络中的功能模块 ACOPIN[98]。ACOPIN 依据这样一种原则：如果有两个距离较近的蛋白质，那么在优化旅行商的过程中，这两个蛋白质最可能接近，进而把旅行商优化的问题转化为网络中功能模块分析的问题。Sallim 提出的这种方法第一次将蚁群优化算法应用到功能模块挖掘的问题上。Ji 等人结合功能模块的拓扑结构信息提出一种改进的蚁群优化算法 NACO-FMD[99]。NACO-FMD 算法虽然具有一定的优越性，但是由于它在优化过程中采用了贪婪的技术，因此，在寻找参数的过程中可能过早地收敛。因此，作者进一步提出了优化的算法 ACO-MAE[100]。ACO-MAE 算法不仅继承了 ACOPIN 算法的优点，而且克服了 NACO-FMD 算法的缺点。除了使用蚁群优化算法，Wu 等人使用一种模拟的蜜蜂群体优化（artificial bee colony）算法 ABC 来识别生物网络中的功能模块[101]。虽然人们提出一些群体智能算法来挖掘网络中的功能模块，但是，结果还有待于提高。例如，这类算法中有多个参数需要确定，而参数的确定非常具有挑战性。

除了上面介绍的方法被用来识别生物网络中的功能模块和蛋白质复合物，基于谱聚类的方法也被广泛地应用到生物学领域（关于谱聚类的基本理论在 1.2.2.1 节给出了详细的解释）。在生物网络中，Kamp 通过分析光谱和果蝇（drosophila）PPI 网络的结构特征发现[102]：离散的谱密度对应网络的拓扑结构，并且能很好地拟合环形结构。这些研究证实了网络的谱特征和网络的拓扑结构紧密相关。例如，Qin 等人利用网络矩阵的谱特性成功地挖掘了生物网络中的功能模块[103]。首先，他们使用网络的邻接矩阵构建拉普拉斯矩阵；然后，利用拉普拉斯矩阵中特征值和特征向量的属性决定网络中功能模块的个数，进而识别功能模块。实验证实这种方法与其他方法相比具有一定的优势。接下来，Inoue 等人提出一种扩散模型的谱聚类方法 ADM-SC[104]。ADMSC 方法把 PPI 网络中模块聚类的问题转化为自由游走的扩散问题。通过定义一个新的扩散矩阵（或者称为操作子），ADMSC 方法可以处理 PPI 网络的异质性问题。ADMSC 方法能快速地把生物网络分割成具有相似功能的模块，而且具有一定的鲁棒性。

1.4　模块的多尺度性

网络中模块往往呈现为多尺度性（multi-scale），即大的模块中包含多个小的模块。例如，在一个学校中，一个宿舍中的同学组成一个小的模块，不同宿舍的学生组成一个班级，相同级别的班级构成同一年级的同学。因此，学校中的学生构成的模块呈现为多尺度性，无论从宿舍、班级及年级的角度考虑，这些模块的存在都是合理的。在生物领域中，蛋白质复合物（protein complex）在蛋白质相互作用网络中不仅以模块结构的形式存在，而且表现为多尺度性，因为大复合物包含很多小复合物，进而形成树状的层次结构[42]。因此，与前面的单尺度（single-scale）模块的检测不同，这些网络不存在单一的模块结构，而在不同的条件下呈现出不同层次的模块结构。这种拥有不同尺度模块结构的网络是用单尺度模块挖掘方法无法得到的。因此，人们提出了用于挖掘多尺度模块的方法。

Reichardt 和 Bornholdt 提出一种质能函数来衡量网络中的模块[105]。这种质能函数融合了模块度 Q 信息和网络边的统计信息，通过优化质能函数来揭示网络中模块的多尺度性。Sales-Pardo 等人提出一种专门挖掘具有层次结构网络中的模块[106]。与 Reichardt 和 Bornholdt 提出的方法相似，Delvenne 等人也提出一种衡量模块性能的目标函数[107] Stability：

$$r(t;H) = \min_{0 \leq s \leq t} \min \sum_{i=1}^{c} (R_s)_{ii} = \min_{0 \leq s \leq t} trace[R_s]。 \tag{1-6}$$

式（1-6）中，R 的定义如下：

$$R_t = H^{\mathrm{T}}(\Pi M^t - \pi^{\mathrm{T}}\pi)H。 \tag{1-7}$$

其中，Stability 中的 t 代表的是马尔科夫时间链。因此，Stability 方法和马尔科夫时间点紧密相连。Stability 值越大，说明网络划分结果越好。当 t 时间较小时，人们可以得到网络的精细划分，当 t 较大时，划分网络中的模块越来越大。Stability 方法就像一个可变焦的望远镜，使人们可以清楚地看到网络中的模块从小变大这一动态过程。不仅如此，很多方法，如模块度方法、Normalized cut 方法[108]、Fiedler's 谱聚类方法[109-110]，都是 stability 方法在不同时刻下的特例。虽然前面的方法从不同角度来揭示网络中模块的多尺度性，但是这些方法都存在一定的局限性。R&B 方法和 stability 方法都具有模块分辨率的问题，而 Sales-Pardo 提出的方法只是针对具有层次结构的网络，而现实中的网络往往并不具备层次特性。为了克服模块分辨率的问题，Arenas 等人通过改变模块度 Q 中的某项参数达到挖掘多尺度模块的目的[69]。虽然这种方法只是原始模块度方法的一种拓展，但是却从某种程度上避免了模块分辨率的问题。

以前的方法都是依赖于某种目标函数，通过优化并改变目标函数中的某个参数来揭示网络中模块的动态变化过程，而 Chen 和 Fushing 两人通过定义动态的结点相似性来挖掘模块的从小到大的动态变化过程[111]。这种方法通过某个变化函数来定义一个可变的结点相似性，这种结点相似性不仅融合了网络中结点和边的信息，而且可以调节某个变量动态的变化。然后，根据网络结点的距离矩阵，使用层次聚类的方法来挖掘网络中的模块。依据相似的动态性，产生不同数值的距离矩阵，进而实现模块的动态变化，揭示多尺度性。但是因为产生的距离矩阵有较大的跳跃性，这种方法揭示的网络模块多尺度性并不十分丰富。揭示网络模块多尺度性的方法往往有很高的时间复杂度。例如，Arenas 提出的方法需要多次优化目标函数，进而显示模块的动态性。Martelot 等人比较了不同方法的时间复杂度，并提出了一种改进时间复杂度的方法[112]。除了时间复杂度的问题外，另外一个重要的问题是如何从一些网络的分割状态中筛选重要的模块，而这些模块对于网络的演化过程具有重要的意义。从方法理论上讲，虽然不同的研究人员提出了揭示模块多尺度的方法，但是他们并没有提出一种合理的公式定量地衡量这些方法。如何衡量不同多尺度挖掘方法是这个领域最大的挑战。虽然人们在理论上研究了一些模块多尺度分析算法，但是很少应用到生物领域中，如 PPI 网络中蛋白质复合物的层次性和功能模块的多尺度性。

1.5 生物网络中功能单元组织形式的研究

网络中功能单元的挖掘往往依据模块是功能单元组织的唯一形式，即模块中的元素有相似的属性。然而近期的研究发现，特别是生物网络上的研究，生物网络中的模块并不一定是功能单元的唯一组织形式[113-116]。Wang等人通过研究两种类型的网络：一种是含有大量复合物的蛋白质相互作用网络，另一种是剔除了复合物的蛋白质相互作用网络，结果发现，含有复合物的蛋白质相互作用网络中的功能单元具有明显的模块结构，而没有复合物的蛋白质相互作用网络中，模块中的蛋白质没有明显的相似功能[113]。虽然，Wang发现了这种现象，但是并没有给出合理的解释。Pinkert等人提出了一种不依赖于任何先验知识的功能单元挖掘方法[114]。因为Pinkert方法不需要预先设定功能单元的组织形式，只是优化一个误差函数 E：$E(\tau, B) = \frac{1}{M}\sum_{i \neq j}^{N}(W_{ij} - B_{\tau_i \tau_j})(w_{ij} - p_{ij})$，其中，$\tau$ 是网络中的结点到模块中的映射关系，w_{ij} 是惩罚系数。结果发现：高聚合的模块构成了功能单元，但是稀疏模块同样具有相似的功能。但是这种方法有很大的缺陷[115]：①模块挖掘的不稳定性。同一个目标函数值可能对应不同的网络分割状态。②在挖掘网络的社团前需要预设模块的个数。然而，在一个未知的网络中，模块的个数是无法预设的。③较高的时间复杂度。Pinkert方法使用的是模拟退火（simulated annealing）来优化误差函数。模拟退火算法不仅要求输入较多的参数，而且时间复杂度较高。

1.6 本书的研究内容

本书主要研究如何挖掘生物复杂网络中的功能单元和功能单元的组织形式。首先，我们从生物复杂网络中的功能单元是由高聚合模块构成这一假设出发，提出网络中任意两个结点之间的相似性，并依据这种新的相似性对网络中的功能单元进行检测。然而，由于网络中的模块具有不同的大小，进而呈现多尺度性。本书利用提出的新结点相似性进一步分析了生物网络中蛋白质复合物的层次结构和功能模块的多尺度性。接下来，我们针对生物网络的不完备性特点，通过融合不同条件下的基因共表达数据构建完备的基因共表达网络，然后，挖掘功能模块。在第 5 章我们打破高聚合模块是网络中功能单元的唯一组织形式这一概念，在挖掘网络中功能单元时并不设定功能单元的组织形式，尽可能地挖掘网络中的功能单元。因此，我们也研究了不预先设定功能单元时组织形式对模块的挖掘。最后，我们把高聚合模块和 Bi-sparse 模块作为功能单元共存于同一个网络中这一概念推广到各种类型的网络中。本书的研究内容主要包括以下几个方面（图 1-6）。

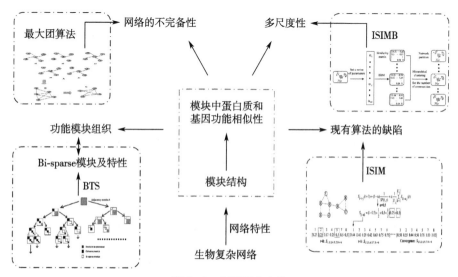

图 1-6　主要研究内容

①在假设网络中的功能模块是由模块结构组成的条件下，对网络中的功能模块进行挖掘。我们使用受限的随机游走和改进的转移概率矩阵，通过融合网络的全局信息和局部信息提出一种新的结点相似性（ISIM）。与传统的结点相似性相比，新结点相似性有两个优良的特点，一是它不仅能有效地衡量两个结点之间的距离，而且能成功地捕捉到两个结点在网络中的拓扑结构；二是它在一系列不完备的网络中具有良好的稳定性和鲁棒性。

②根据新结点相似性 ISIM，使用聚类思想对待分析的网络中的结点建立一个层次系统树，并结合合理的目标函数正确地挖掘复杂网络中的模块结构。与其他现有的模块挖掘方法相比，ISIM 方法是一个无参数的方法，它能自动地确定网络中模块的个数。同样，使用 ISIM 方法挖掘到的模块不仅与真实的模块结构能更好地匹配，而且能有效地克服现有方法存在的网络欠

分割和过分割的问题。

③现有网络中的模块往往呈现多尺度性。我们利用结点相似性 ISIM 对社团的多尺度性进行揭示。ISIM 中的参数 α 平衡了结点相似性中的全局信息和局部信息，利用这个参数我们可以调控结点相似性的大小，进而检测网络中社团的不同大小。这种方法与其他方法相比，有更强的鲁棒性和稳定性。除此之外，我们又提出一种基于网络分割状态的聚类方法筛选网络多尺度模块结构的重要分割状态。利用新的筛选方法获得的重要网络分割和真实的模块结构能达到良好的一致性。

④针对生物网络的不完备特性，通过融合多条件下基因表达谱数据构建完备的基因共表达网络。在完备的基因共表达网络上，我们提出一种最大团算法识别网络中的功能模块。这种方法可以有效地避免因网络不完备性带来的影响，而挖掘的功能模块不仅具有相似的生物功能，而且模块内的基因有很大的可能性被同一个转录因子所调控。

⑤以前网络中功能单元的挖掘都是基于高聚合模块是功能模块组织的唯一形式。因此，传统的方法都是用来挖掘网络中的高聚合模块。然而，这个结论在生物网络中，特别是蛋白质相互作用网络中存在可疑性。因此，我们提出一种与高聚合模块不同的 Bi-sparse 模块，然后结合二叉树理论和矩阵论提出一种新的方法（BTS 方法）来挖掘两种类型的功能单元。BTS 方法在蛋白质相互作用网络中挖掘的高聚合模块和 Bi-sparse 模块都组成了功能单元。与其他方法相比，BTS 方法拥有良好的性能，一是不需要预先设置模块的个数，二是挖掘的高聚合模块和 Bi-sparse 模块都有显著性的功能相似性。

⑥我们把高聚合模块和 Bi-sparse 模块作为功能单元的组织形式并共存于同一网络这一概念进行泛化。我们整理了 4 种类型共 25 个复杂网络，用 BTS 方法对这 25 个网络中的模块进行分析。结果发现：（a）高聚合模块和 Bi-sparse 模块共存于这 25 个网络中，Bi-sparse 模块具有普遍性。（b）在社会网络中，Bi-sparse 模块中的人们充当着经纪人的角色，负责协调不同群体之间的矛盾，促进信息、技术和知识的交流等作用；在计算机软件网络中，Bi-sparse 模块中的结点具有相似的软件包属性；在蛋白质相互作用网络中，Bi-sparse 模块中的蛋白质同样具有相似的功能；在基因共表达网络中，Bi-sparse 模块内的基因也具有明显的功能相似性。（c）深入地研究了 Bi-sparse 模块的一些特性：一是 Bi-sparse 模块和高聚合模块相比，Bi-sparse 模块含有的结点较少；二是虽然 Bi-sparse 模块普遍存在于复杂网络中，但是 Bi-sparse 模块对生物网络有一定的偏好性，而在社会网络中，这一偏好性与网络中个体的属性有一定的关联性。（d）我们给出两种 Bi-sparse 模块在复杂网络中存在的拓扑结构。

1.7　本书的结构和组织

本书针对现有功能模块挖掘方法存在的问题进行深入研究，并提出有效的解决方案。例如，在现有的方法中，它们在识别生物网络中的功能模块时很少考虑生物网络本身带有的属性：不完备性和噪声性。从方法本身出发也同样存在一些问题。不仅如此，这些方法在一些具有多尺度模块的网络中显得无能为力。模块的多尺度特性在网络中表现为，大的模块包含小的模块，小的模块包含更小的模块，进而形成模块的树状结构。进一步研究发现，在生物网络中，人们怀疑功能单元的组织形式不仅仅是高聚合模块，因为高聚合模块分割的网络并不能完全覆盖网络中所有的功能单元。本书针对这些网络功能模块挖掘中存在的问题进行一一解决。

第 1 章介绍了复杂网络的基本概念，以及复杂网络研究的意义和背景，指出了网络中的基本特性、社团或模块，回顾了网络中模块研究的意义和背景，给出了生物网络中功能模块挖掘的研究进展，说明了模块的多尺度性和功能单元的组织形式在现实中研究的意义和方法，给出了本书的主要研究内容。

第 2 章提出一种用来挖掘网络中社团的新方法。首先，在收敛的空间内定义一种新的结点相似性，并证明它在一系列不完备网络上的稳定性和鲁棒性；其次，结合新结点相似性和层次聚类思想，具体分析了合成网络和真实网络上的社团结构；最后，以定量的方式给出了新结点相似性是如何捕捉网络的全局和局部拓扑结构的。

第 3 章创新性地揭示了生物网络中的模块多尺度性。利用我们提出的新结点相似性 ISIM 中的调控因子 α 来调整网络结构的全局和局部信息，利用这个调控因子，我们揭示了模块的多尺度特性，并提出一种新的方法在一系列网络分割状态中筛选重要的分割状态。

第 4 章提出一种分析基因共表达网络中的功能模块新方法。针对生物网络的不完备特性，我们融合了多条件下基因的表达谱数据构建完备的基因共表达网络。在完备的基因共表达网络上，提出一种基于最大团概念的算法。

使用这种新的算法对模式植物拟南芥花药基因共表达网络中的功能模块进行检测，并利用基因注释功能和转录因子等生物知识对预测的功能模块进行评估。

第 5 章打破模块结构是生物复杂网络中功能单元的唯一组织形式这一概念，提出一种新的功能单元组织形式：Bi-sparse 模块。通过数学建模，介绍一种二叉树搜索方法来挖掘蛋白质相互作用网络中的功能单元，并对 BTS 方法在蛋白质相互作用网络中挖掘的功能模块进行生物功能注释和分析。

第 6 章研究了各种类型网络的功能单元组织形式。首先使用 BTS 方法对社会网络、计算机软件网络和生物网络中的功能单元进行挖掘；然后对 4 种类型的 25 个网络中的功能单元进行检测，结果表明高聚合模块和 Bi-sparse 模块在同一个网络中共存；最后研究了 Bi-sparse 模块的一些特性：Bi-sparse 模块的大小、偏好性及可能存在的结构形式。

第 7 章总结本书的研究工作，提出未来的研究方向。

第 2 章

基于收敛空间内结点相似性
度量的社团分析

如前面所述，虽然人们提出很多种方法挖掘网络中的社团结构，但是它们都存在一些不足的地方。这些方法的不足之处主要来源于网络属性和方法本身存在的缺陷。在网络属性方面，现有网络都存在一定的不完备性（in-completeness），即我们观察到的网络不仅会随着时间的变化而发生变化，而且现有的网络含有大量的噪声和不确定性。网络的不完备性导致了现有社团分析算法的不稳定性和不正确性。从方法本身来看，基于模块度及其衍生的方法只利用网络的全局信息，进而产生如模块分辨率（resolution limit）的问题，或者称为欠分割（under-partition）问题：预测的社团比真实的社团要大；一些利用层次聚类的方法只考虑了网络全局信息，进而会产生过分割（over-partition）问题：预测的社团比真实的社团要小。即使一些基于随机游走模型的方法同样也存在过分割或者欠分割的问题。因此，在本章中，我们提出了一种新的方法分析复杂网络中的社团结构。

2.1 基于新结点相似性的社团分析

2.1.1 收敛空间内结点相似性的定义

在本章中，我们提出一种新的网络任意两个结点的相似性，这种新的相似性利用网络上随机游走模型得到。为了更好地描述新定义的相似性，我们首先给出网络上随机游走（random walk）模型。给定一个包含 N 个结点和 M 条边的连通网络，在这里我们只考虑无权重和无方向的网络。网络的邻接矩阵可以表示为：$\boldsymbol{W}=(w_{ij})_{N\times N}$，如果结点 i 和结点 j 之间有边相连，那么 $w_{ij}=1$，如果结点 i 和结点 j 没有边相连，那么 $w_{ij}=0$。网络中结点 i 的度 d_i 可表示为：$d_i = \sum_j w_{ij}$。随机游走在网络中的游走模型可以描述为一个方程式[45]。一个结点 i 在网络上按照以下的规则游走：在 t 时刻，一个游走者从结点 i 出发，以相同的概率 w_{ij}/d_i 在（$t+1$）时刻随机地跳转到该结点的某个相邻结点 U_i，而从结点 i 跳转到结点 j 的概率是由转移矩阵 $\boldsymbol{P}=(p_{ij})_{N\times N}$ 决定的。转移矩阵可以描述为：$\boldsymbol{P}=\boldsymbol{D}^{-1}\boldsymbol{W}$，矩阵 $\boldsymbol{D}$ 是对角矩阵，对角线的值对应的是结点的度 $\boldsymbol{D}_{ii}=d_i$。假设有一个游走者在 $t=0$ 时刻从结点 i 开始，那么在（$t+1$）时刻游走者到达结点 j 的概率为：

$$P_{ij}(t+1) = \sum_u \frac{w_{uj}}{d_u}P_{iu}(t)。 \tag{2-1}$$

当 $t\to\infty$ 时，到达结点 j 的概率收敛为 π_j[45,73]：

$$P_{ij}^{\infty} = \frac{d_j}{2M}。 \tag{2-2}$$

其中，M 是网络中边的条数。因此，在收敛的状态下，结点 i 跳转到结点 j 的概率只和结点 j 的度有关，而与网络中的其他信息无关。如果网络中的一个结点有较高的度，那么这个结点就有较高的概率被游走者访问到。

由于网络上的随机游走模型有良好的特性，人们已经成功将它应用到社团挖掘领域。这些优良的特性包括：如果游走者从某个社团的结点开始游走，则它在离开这个社团前将在很长一段时间内持续在这个社团内的结点之间游走；另外一个优良特性是，当迭代步数 t 合理的情况下，随机游走者能够以较高的概率访问到其社团内的结点[73]。然而，虽然网络上的随机游走模型能很好地挖掘到网络中的社团，但是也存在很多的问题。例如，这些方法只能在简单与合成网络上取得较好的性能，而在复杂的真实网络上性能较差[117]。更进一步，随机游走的性能与迭代步数有很大的联系，如果迭代步数选择合理，就会得到理想的结果。实际上，运用随机游走模型挖掘社团的方法是基于网络的全局信息的。因此，这些方法不可避免地会继承一些基于全局信息方法的缺陷。

为了更好地利用随机游走模型能够捕捉网络全局信息的优点，并克服其存在的缺陷，我们对复杂网络的模块结构进行广泛的研究发现：网络中任意两个结点之间的最短路径（shortest path）能有效反映结点之间的局部信息，不仅如此，在很多网络中，如在生物网络中，结点之间的最短路径在形成社团结构过程中也起着重要的作用。因此，我们需要提出一种能够充分融合网络全局和局部结构的新模型。因为随机游走模型捕捉的是网络的全局结构，而结点之间的最短路径信息反映的是网络的局部信息，因此，我们需要利用最短路径信息对随机游走模型加以限制，进而捕捉网络的局部结构。从游走者的性能来说，游走者在网络中游走会消耗一定的体能，游走者走得越远，消耗的体能就越多，行走到更远地方的可能性就越低。体能的消耗和行走的路程成反比关系。在网络上，游走者的游走受到网络上两个结点路径的限制，即和两个结点之间的最短路径成反比。基于此，我们提出一种受限的随机游走（constrained random walk）模型。这种受限的随机游走模型是通过一个改进的结点 i 和结点 j 之间的转移概率来实现的：

$$P_{ij}(t+1) = (1-\alpha)\frac{1}{SP(i, j)} + \alpha\sum_{k=1}^{|U_i|}\frac{1}{d_i}P_{kj}(t) \text{。} \qquad (2-3)$$

式（2-3）中，$SP(i, j)$ 表示的是结点 i 和结点 j 之间的最短路径，d_i 是结点 i 的度，d_i 在公式中起着归一化的作用，U_i 表示结点 i 的邻接结点。参数 α 是一个调控因子，用来平衡受限跳转和随机跳转之间的权重。从新定义的转移概率我们可以看出：游走者的体能和网络中两点之间的最短路径成反比。如果游走者行走较远的距离，那么将会消耗较多的体能，进而有较小的概率到达目的结点；相反，如果游走者行走较近的距离，进而有较大的可能到达目的结点。最为主要的是，通过调节因子 α 的平衡，这种受限的随机游走不仅可以捕捉网络的全局拓扑结构，而且可以通过路径的限制捕捉网络的局部拓扑结构。对于较小的 α，游走者每行走一步将会消耗较多的体能，因此，游走者有较大的概率到达与起始点距离较近的结点，进而反映网络的局部信息。对于较大的 α，游走者每行走一步消耗较少的体能，那么游走者才有更大的概率到达较远的结点，进而跳出体能的约束，到达更远的结点，捕捉网络的全局信息。因此，通过这种受限的随机游走，我们可以使这种新的随机游走模型很好地融合网络的局部和全局信息。

那么，游走者从结点 i 跳转到网络中的其他结点的概率向量为：

$$P_i(t+1) = (1-\alpha)SPV_i + \alpha WP_i(t) \text{。} \qquad (2-4)$$

其中，SPV 是一个 N 维的向量，SPV_{ij} 是结点 i 和结点 j 之间最短路径的倒数。为了计算方便，我们设置 SPV_{ii} 为网络直径的倒数，对称矩阵 W 是网络的邻接矩阵。需要注意的是，邻接矩阵是通过归一化处理的，以保证 W 中每行（或每列）元素和为1。

接下来，我们进一步给出了在整个网络上任意两个结点之间的转移概率矩阵 P'：

$$P'(t+1) = (1-\alpha)SPV' + \alpha WP'(t)。 \tag{2-5}$$

与式（2-4）中的 SPV 不同，SPV' 是一个 $N×N$ 的矩阵，矩阵中的元素代表的是两个结点之间最短路径的倒数。在稳定的状态下，转移概率矩阵 P' 收敛于式（2-6）：

$$P' = (1-\alpha)(I-\alpha W)^{-1}SPV'。 \tag{2-6}$$

其中，I 是一个 $N×N$ 的单位矩阵。因此，网络中的任意两个结点之间的转移概率矩阵 P'，既可以用迭代的方法计算，也可以用收敛公式直接计算。对较大的网络，计算邻接矩阵的逆矩阵非常耗时，我们可以使用迭代的方法计算其转移概率矩阵 P'。根据一些研究发现，迭代的次数为 20 次就可以使结果接近于收敛状态[118-119]。对较小的网络，我们直接用收敛公式计算 P'。在新的转移概率矩阵上，给出了我们定义的新结点相似性 ISIM，ISIM 的值是游走者从结点 i 转移到结点 j 的概率和结点 j 转移到结点 i 的概率的平均值：

$$S_{ij} = \frac{P'_{ij} + P'_{ji}}{2}。 \tag{2-7}$$

在上面的描述中，我们以网络中随机游走的方式解释了 ISIM 相似性的来源。实际上，这种新的结点相似性和 Pagerank[120] 的原理也很相似。Pagerank 也是随机游走模型的一种拓展，但是比随机游走模型拥有较多的优点。它的基本原理已被应用到很多领域，如生物信息学[118]、图像处理[121] 等。在文献 [149] 中，作者利用 Pagerank 的原理充分证明了它能有效融合网络的局部和全局信息。在本章中，我们通过分析网络的拓扑结构认为：结点之间的最短路径是构成社团的局部信息，而结点的邻接结点信息是全局信息。因此，使用 Pagerank 的原理，我们成功地融合了两者的信息，进而定义了新结点相似性。在定义新结点相似性过程中还需要我们进一步说明的是，在式（2-4）中，向量 SPV_i 的和并不等于 1，即没有对其进行归一化处理。由于没有经过归一化处理，那么 SPV_i 中的元素值就和 W 中的元素值处于同一数量级上，如果参数 α 发生变化，那么得到的相似性矩阵也能得到显著性的变化，进而能够有效地捕捉网络的全局和局部信息及揭示网络的多尺度特性。

2.1.2 新结点相似性的收敛性证明

假设一个网络包括 N 个结点 M 条边，它的邻接矩阵为 $\boldsymbol{W}$。游走者在网络上从结点 i 转移到结点 j 的概率为：$P_{ij}(t+1) = (1-\alpha)\dfrac{1}{SP(i,j)} + \alpha\sum_{k=1}^{|U_i|}\dfrac{1}{d_i}P_{kj}(t)$，其中，$SP(i,j)$ 是结点 i 和结点 j 之间的最短路径，U_i 是结点 i 的邻接结点，$|U_i|$ 表示它的邻接结点个数。结点 i 转移到网络中其余结点的转移概率向量为 $\boldsymbol{P}_i(t+1) = (1-\alpha)\boldsymbol{SPV}_i+\alpha\boldsymbol{WP}_i(t)$。其中，$\boldsymbol{SPV}_i$ 表示的是大小为 N 的向量，$\boldsymbol{SPV}_{ij}$ 表示的是结点 i 和结点 j 之间最短路径的倒数，$\boldsymbol{W}$ 是网络的邻接矩阵。需要注意的是，邻接矩阵是通过归一化处理的，以保证 $\boldsymbol{W}$ 中每行（或每列）元素和为 1。我们设置 $\boldsymbol{P}(0)$ 为 0 向量。新结点相似性的收敛性证明如下：

$$\boldsymbol{P}(1) = (1-\alpha)\boldsymbol{SPV} + \alpha\boldsymbol{WP}(0);\tag{2-8}$$

$$\begin{aligned}\boldsymbol{P}(2) &= (1-\alpha)\boldsymbol{SPV} + \alpha\boldsymbol{WP}(1)\\ &= (1-\alpha)\boldsymbol{SPV} + \alpha\boldsymbol{W}[(1-\alpha)\boldsymbol{SPV} + \alpha\boldsymbol{WP}(0)]\\ &= (1-\alpha)\boldsymbol{SPV} + \alpha\boldsymbol{W}(1-\alpha)\boldsymbol{SPV} + (\alpha\boldsymbol{W})^2\boldsymbol{P}(0)\\ &= (\alpha\boldsymbol{W})^2\boldsymbol{P}(0) + (1-\alpha)\sum_{l=0}^{2-1}(\alpha\boldsymbol{W})^l\boldsymbol{SPV};\end{aligned}\tag{2-9}$$

$$\begin{aligned}\boldsymbol{P}(3) &= (1-\alpha)\boldsymbol{SPV} + \alpha\boldsymbol{WP}(2)\\ &= (1-\alpha)\boldsymbol{SPV} + \alpha\boldsymbol{W}[(1-\alpha)\boldsymbol{SPV} + \alpha\boldsymbol{W}(1-\alpha)\boldsymbol{SPV} + (\alpha\boldsymbol{W})^2\boldsymbol{P}(0)]\\ &= (1-\alpha)\boldsymbol{SPV} + \alpha\boldsymbol{W}(1-\alpha)\boldsymbol{SPV} + (\alpha\boldsymbol{W})^2(1-\alpha)\boldsymbol{SPV} + (\alpha\boldsymbol{W})^3\boldsymbol{P}(0)\\ &= (\alpha\boldsymbol{W})^3\boldsymbol{P}(0) + (1-\alpha)\sum_{l=0}^{3-1}(\alpha\boldsymbol{W})^l\boldsymbol{SPV};\end{aligned}\tag{2-10}$$

$$\vdots$$

$$\boldsymbol{P}(t) = (\alpha\boldsymbol{W})^t\boldsymbol{P}(0) + (1-\alpha)\sum_{l=0}^{t-1}(\alpha\boldsymbol{W})^l\boldsymbol{SPV}_{\circ}\tag{2-11}$$

因为 $\boldsymbol{P}(0)$ 是个 0 向量，所以 $(\alpha\boldsymbol{W})^t\boldsymbol{P}(0)$ 是个 0 向量。通过归一化 $\boldsymbol{W}$，$\boldsymbol{W}$ 变为随机向量。因此，它的特征值 λ 满足 $|\lambda|\leqslant 1$，$\boldsymbol{I}-\alpha\boldsymbol{W}$ 对于 $0<\alpha<1$ 是可逆的。$\boldsymbol{P}(t)$ 的极限是：

$$\boldsymbol{P} = \lim_{t\to\infty}\boldsymbol{P}(t) = (1-\alpha)(\boldsymbol{I}-\alpha\boldsymbol{W})^{-1}\boldsymbol{SPV}_{\circ}\tag{2-12}$$

2.1.3　新结点相似性的鲁棒性和稳定性

在自然界中，很多网络都具有不完备性（incompleteness）和不正确性[122-126]，这种不完备性和不正确性是由当时技术的局限性与人们的认知造成的。例如，Internet、WWW 等技术网络中的结点和超链接的边都会随着时间的变化而变化，而这种变化使我们观察到的网络具有很强的不完备性[1,23]。另外一个典型的不完备网络是蛋白质相互作用网络，如对于酵母（yeast）来说，大约只有20%的蛋白质相互作用对被生物学家验证。对于人类来说，获取真实的蛋白质相互作用对则更为困难：到目前为止，生物学家只发现了大约 0.3%的高质量蛋白质相互作用对。这种网络的不正确性和不完备性严重影响了社团挖掘算法的正确率。因此，人们希望新的结点相似性在网络结构发生变化的同时具有一定的鲁棒性和稳定性，即在一系列不完备的网络中有较小的变化。为了验证新结点相似性的稳定性，我们使用不同版本的蛋白质相互作用网络计算其相似性，并且用 ISIM 相似性和其他 4 种结点相似性的方法进行了比较。现有的蛋白质相互作用网络数据库会根据新的实验结果，定时地更新蛋白质相互作用对并及时删除错误的相互作用对。这种实验结果的及时性和动态性，可以为我们测试不同结点相似性的稳定性提供一个标准的数据集。与 ISIM 相似性比较的其他 4 种方法分别是 Jaccard[57]、HPI（Hub Promoted index）[8]、LHNII（Leicht-Holme-Newman index）[58]和 RWR（Random Walk with Restart）[60]，定义如下：

$$S_{\text{Jaccard}} = \frac{|U_x \cap U_y|}{|U_x \cup U_y|}; \qquad (2-13)$$

$$S_{\text{HPI}} = \frac{|U_x \cap U_y|}{\min\{d_x, \ d_y\}}; \qquad (2-14)$$

$$S_{\text{LHNII}} = 2M\lambda_1 D^{-1} \left(I - \frac{\varphi W}{\lambda_1} \right)^{-1} D^{-1}; \qquad (2-15)$$

$$\overrightarrow{q_x} = (1 - c)(I - cP^{\text{T}})^{-1} \overrightarrow{e_x}; \qquad (2-16)$$

$$S_{\text{RWR}} = q_{xy} + q_{yx}。 \qquad (2-17)$$

式（2-13）和式（2-14）中，U_x 表示的是结点 x 的邻接结点的集合，U_y 表示的是结点 y 的邻接结点的集合，d_x 是结点 x 的度数，d_y 是结点 y 的度数。Jaccard 和 HPI 两种相似性是基于网络的局部信息的，即只考虑了结点的邻接结点信息，而 LHNII 和 RWR 从网络的全局信息定义结点相似性。式（2-15）定义了 LHNII 的相似性，其中，W 是网络的邻接矩阵，λ_1 是 W 的最大特征值，M 是网络的总边数，D 和 I 分别是度值矩阵和单位矩阵，φ 是 LHNII 中的可选参数，取值小于 1 的参数。这种相似性考虑了网络的所有路径，其基本想法是如果两个结点的邻接结点之间是相似的，那么这两个结点也是相似的。式（2-16）和式（2-17）中定义的相似性可以看作是自由游走的一种拓展，它假设随机游走粒子在每一步的时候都以一定的概率返回初始位置。设粒子返回概率为 $1-c$，P 为网络的马尔科夫转移概率矩阵，其元素 $P_{xy} = \dfrac{w_{xy}}{d_x}$ 表示结点 x 处的粒子下一步走到结点 y 的概率，$\overrightarrow{e_x}$ 表示一个一维向量且只有第 x 个元素为 1，其他都为 0。一般情况下，结点 x 到结点 y 的相似性与结点 y 到结点 x 的相似性是不相等的，所以式（2-17）表示的是最终的相似性。与相似性 ISIM 一样，在相似性 LHNII 和 RWR 中，也有一个参数需要设置，这个参数分别是 φ 和 c，范围是 0~1。对这 3 种方法，参数都设置为 0.5。实际上，我们只比较相似性在不同网络上的差异性，不同的参数对最终的结果影响不大。

为了验证不同结点相似性的鲁棒性和稳定性，我们从 I2D 数据库[127]下载不同版本（V1~V2）的蛋白质相互作用网络数据，在这些数据中，我们只考虑小鼠的蛋白质相互作用数据。通过筛选带有标识"BIND mouse"的蛋白质相互作用对，并去除版本相同的数据，得到 5 个小鼠蛋白质相互作用网络，这 5 个网络如表 2-1 所示。

表 2-1　5 个蛋白质相互作用网络的描述

小鼠蛋白质 相互作用网络	结点数	边数	发布时间
V 1	931	1217	4/3/2005
V 1-5	931	1217	4/1/2007
V 1-72	995	1422	12/15/2009
V 1-8	771	1016	4/23/2010
V 2	988	1385	2/2/2012

另外，我们首先筛选了 5 个网络的交集蛋白质，共有 468 个蛋白质。接着用 5 种方法分别计算 5 个网络的相似性矩阵。对于任意一种结点相似性，我们得到 5 个相似性矩阵，从这 5 个相似性矩阵中，抽取含有 468 个结点的子相似性矩阵。在这一步骤中，我们得到了 25（每一种结点相似性包含 5 个相似性矩阵）个大小为 468 的相似性矩阵。然后计算每一种方法的相似性差异矩阵。以 5 个小的网络为例（图 2-1），先重新组合相似性向量，这个向量是由 5 个小的相似性矩阵中同样位置的结点组成（图 2-1 中的灰底色块元素），再计算这个向量的相对标准偏差（relative standard deviation，RSD）[128]，并放在对应的相似性差异矩阵中，得到一个相似性差异矩阵。对于这 5 种方法，我们得到 5 个大小为 468 的相似性差异矩阵。最后分别提取这 5 个相似性差异矩阵中值大于 0 的元素，并求其交集，共得到 1363 个结点。图 2-2 给出了 1363 个结点的相对标准偏差，从中我们可以看到，我们提出的新结点相似性 ISIM 有较低的相对标准偏差，说明我们的方法在一

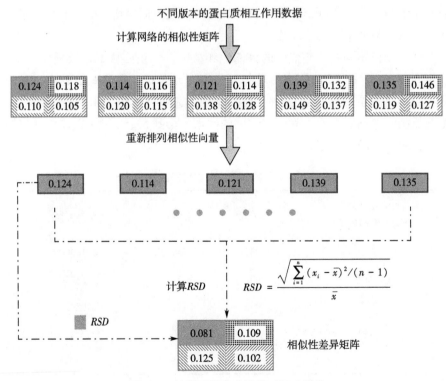

图 2-1　计算不同方法的相对标准偏差

系列不完备的蛋白质相互作用网络中具有较好的鲁棒性和稳定性。而对于 Jaccard 方法和 HPI 方法，由于它们的定义完全依靠于网络的局部信息。因此，当网络发生变化时，它们的相似性值就会发生较大的变化，导致发生较大的相对标准偏差。虽然 RWR 方法定义结点的相似性使用了全局信息，但是邻接结点仍然起很大的作用，因此，它在不同版本的蛋白质相互作用网络中表现为不稳定性和不鲁棒性，而 LHNII 方法性能较好一些。总体来说，基于全局定义的相似性比基于局部定义的相似性更加稳定和具有鲁棒性。我们提出的新相似性不仅考虑了网络的全局信息还考虑了网络的局部信息，因此，在这 5 种方法中表现得最稳定。

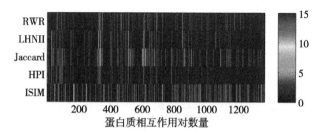

图 2-2　不同结点相似性的相对标准差 （*RSD*）

2.1.4　调节因子 α 的选取

我们新定义的结点相似性中的 α 是用来平衡网络的全局信息和局部信息在相似性中所起的作用的。当 α 设置较大时，新的结点相似性会捕捉到较多的全局信息，从而产生较大的社团。相反，如果 α 设置较小，局部信息在定义结点相似性过程中起的作用较大，从而产生更多的小社团。在这种情况下，如果网络的全局特性较强，那么我们可以把 α 设置为小值。相反，α 设置为大值。设置这个参数最好的方法是：使用足够多的已知社团结构的网络，训练网络某个特性和 α 之间的关系；然后利用这种关系指导人们预测未知网络的社团结构。然而，这种关系很难获取，因为我们无法得到足够多的已知社团结构的网络。即使我们获取了这种关系，我们也无法用训练的关系指导未来网络社团的预测，因为现实网络中的社团结构比我们想象要复杂得多。在此，我们定义一种新指标来衡量网络的局部特性（Local-Links-Rate，LLR），如式（2-18）所示：

$$LLR = |local - links|/CN。 \qquad (2-18)$$

在图2-3a中，对网络中的粗虚线边，连接它的两个结点（中空的结点）共享4个结点，这4个结点之间存在3条边。因此，这条边的 LLR 为3/4。在图2-3b中，粗虚线边的 LLR 为5/4。

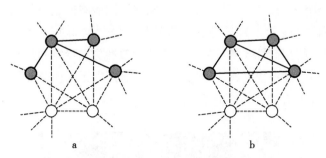

图2-3　计算 *LLR* 的示意图

这种指标是基于网络的边信息，而不是结点信息。因为近期的研究发现：网络中的连接信息比结点信息更能反映网络的各种特性[61-62]。对网络中任意一条边 l，被它连接的两个顶点为 n_1 和 n_2。首先计算这两个顶点的共同邻接结点（CN）；然后统计共同邻接结点之间存在的边数（$|local-links|$）；最后定义局部连接比率 LLR。

如果一个网络的平均 LLR 大于2，那么这个网络有较强的局部特性，建议 α 设置为0.1、0.2、0.3；如果网络的平均 LLR 小于2，建议 α 设置为0.90、0.93、0.95来计算网络的相似性矩阵。

2.1.5　层次聚类

对于一个网络，我们使用新的结点相似性得到网络的相似性矩阵后，使用层次聚类（hierarchical clustering）思想来挖掘网络中的社团结构。首先，根据结点相似性矩阵建立一个系统树，在这个系统树中，每个树叶代表的是原始的网络，树权代表的是社团结构。由于在新的结点相似性中，两个结点之间的距离越近，相似性的值就越大。为了更好地聚类，我们取原始结点相似性的倒数来聚类。同样，在聚类过程中，使用了最大距离的方法来划分结点。树形结构能很好地代表网络中的社团结构，但是它不能自动地确定网络中的社团个数。因此，为了解决这个问题，需要引进一个目标函数或者设定一个社团个数来衡量这棵系统分析树。我们使用分割密度 D （partition density)[61]作为目标函数，进而自动地决定社团的个数。分割密度定义如下：

$$D = \frac{2}{M} \sum_c m_c \frac{m_c - (n_c - 1)}{(n_c - 2)(n_c - 1)}。 \quad (2-19)$$

其中，m_c 和 n_c 分别代表的是一个社团中的边数和结点数，M 代表的是网络中总的边数。分割密度由 Ahn 提出，用边相似性来挖掘网络中的社团结构。它可以很好地衡量一个社团中边和结点的比例关系，也能很好地衡量社团重叠性的问题。此外，分割密度也可以衡量社团的非重叠性问题[129]。在这里，我们不考虑社团的重叠性问题。

对于待分析的网络，ISIM 方法（为了方便，我们把以相似性 ISIM 为基础的社团分析方法称为 ISIM 方法）首先计算其 *LLR* 值；然后根据 *LLR* 值选择合理的参数 α，并计算网络的相似性矩阵；最后使用层次聚类算法对相似性矩阵进行网络分割，选取分割密度值最大的社团结构作为 ISIM 方法的最终社团结构。

2.1.6 算法时间复杂度分析

使用 ISIM 方法挖掘网络中的模块结构主要分为两个部分，第一部分是使用受限的随机游走模型计算网络中任意两个结点之间的相似性；第二部分是使用层次聚类的方法划分网络分割。在第一部分中，由于我们使用了网络中随机游走的模型，因此，在使用受限随机游走模型计算新的结点相似性时，它的时间复杂度和其他算法一样，为 $O(tMN)$[130]，其中，M 和 N 分别是网络中的结点数和边数，t 为随机游走过程中迭代的次数。因为我们在收敛的空间内定义相似性，所以 t 要足够大，当网络的规模大于 1000 时，t 值选择为 20[118]。在计算相似性过程中，我们要先计算初始矩阵 *SPV'* [式(2-5)]，矩阵 *SPV'* 中每一个元素表示的是任意两个结点之间最短路径的倒数。因此，我们需要计算网络中任意两个结点之间的最短路径（all-pairs-shortest-paths，APSP）。如果利用 Floyd-warshall 算法[131]来解决 APSP 问题，那么时间复杂度为 $O(N^3)$。后来，人们提出很多方法来优化 APSP 问题，其中效果较为明显的是 Chan 在 2012 年提出的一种方法[132]，这种方法在无权重和无方向网络上的时间复杂度仅为 $O(MN)$。在本章的计算过程中，我们使用的是无权重和无方向的网络。在第二部分中，我们使用层次聚类的方

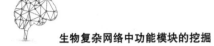
法分割网络，时间复杂度与构建的系统生成树的深度有关，时间复杂度为 $O(N^2d)$[130]，其中，d 为系统树的深度。在实际网络中 d 值往往小于 $O(\log N)$（$\log N$ 是 $\log_2 N$ 的简写，下同），因此，算法的时间复杂度为 $O(N^2\log N)$。

2.2 新结点相似性在挖掘网络社团中的应用

2.2.1 ISIM 算法在合成网络上的应用

我们首先把基于 ISIM 相似性的社团挖掘算法应用到合成网络上，这些合成网络（LFR 网络）由 Lancichinetti 等人提出[133]，被广泛用来测试不同社团挖掘算法。产生这些网络需要预先设定一些参数，这些参数包括：①网络的结点数 N、网络平均度 k 和最大度 $\max k$；②最小社团 $\min c$ 和最大社团 $\max c$；③度序列的最小指数 $t1$ 和社团分布的最小指数 $t2$；④混合参数（mixing parameter）μ，μ 是合成网络社团强弱的指标：μ 值越小，产生网络的社团结构越强；μ 值越大，产生网络的社团结构就越弱。通过设置以下参数：$N = 1000$，$k = 8$，$\max k = 40$，$t1 = 2$，$t2 = 1$，$\min c = 5$，$\max c = 35$，$\mu \in [0.1, 1]$，步数为 0.1，我们得到 10 个合成网络。

为了更好地验证 ISIM 算法的性能，我们使用其他 5 种社团挖掘方法与 ISIM 算法进行对比，这 5 种算法是 Modularity 算法[48]、Infomap 算法[74]、Jaccard 算法[57]、Louvain 算法[66] 和 Oslom 算法[134]。Modularity 算法是一种经典且是用途最广的算法；Infomap 算法是用于检测非重叠社团精确度最高的算法之一；与我们提出的算法一样，Jaccard 算法是首先利用 Jaccard 相似性计算网络任意两个结点相似性，然后用结合层次聚类算法和分割密度来挖掘网络中的社团；Louvain 算法是一种基于模块度优化的方法；Oslom 算法是一种优化自适应函数的局部方法，这种算法也可以统计社团的重要意义。需要特别注意的是，如果网络中含有层次社团结构（hierarchical community structure），Oslom 算法也可以挖掘层次性社团。在本章中，我们使用的合成和真实网络都不含有层次社团结构。因此，在 Oslom 算法的输出结果中，我们使用最底层的社团结果和 ISIM 方法进行对比。

对于任意一种网络，我们使用 6 种方法挖掘其存在的社团，并把挖掘到的社团和真实的社团用归一化互信息（Normalization Mutual Information，NMI）[135]进行衡量。归一化互信息定义如下，对于一个网络的两种分割状态 $\chi = (X_1, X_2, \cdots, X_{n_X})$ 和 $\gamma = (Y_1, Y_2, \cdots, Y_{n_Y})$，$n_X$ 和 n_Y 是两种分割状态下社团个数：

$$NMI(\chi, \gamma) = \frac{-2\sum_{i=1}^{n_X}\sum_{j=1}^{n_Y} n_{ij}^{XY}\log\left(\frac{n_{ij}^{XY} \cdot N}{n_i^X \cdot n_j^Y}\right)}{\sum_{i=1}^{n_X} n_i^X\log\left(\frac{n_i^X}{N}\right) + \sum_{j=1}^{n_Y} n_j^Y\log\left(\frac{n_j^Y}{N}\right)}。 \tag{2-20}$$

式（2-20）给出了 NMI 的定义，N 是网络的结点数，n_i^X 和 n_j^Y 分别是社团 X_i 和 Y_j 中结点个数，n_{ij}^{XY} 是社团 X_i 和 Y_j 中结点的交集：$n_{ij}^{XY} = |X_i \cap Y_j|$。NMI 值越大，说明预测的社团结果越可靠。

图 2-4 给出了不同方法在合成网络上社团挖掘的结果，从中我们可以看到：ISIM 算法在 10 个网络上的 NMI 值都高于 Modularity 算法和 Louvain 算法。对于 Infomap 算法和 Oslom 算法，当 μ（$\mu \in [0.1, 0.5]$）较小时，Infomap 算法和 Oslom 算法优于 ISIM 算法；当 μ 较大时，即网络的社团结构较弱时，ISIM 算法的性能开始优于 Infomap 算法和 Oslom 算法。特别地，当 $\mu = 0.7$、0.8、1.0 时，ISIM 算法的 NMI 值大于 Infomap 算法的 NMI 值。虽然 Oslom 算法的 NMI 值大于 ISIM 算法的 NMI 值，但是其挖掘到的社团个数是 974 个，而网络的结点总数为 1000 个，这意味着 Oslom 算法挖掘的结果根本不具有社团结构。

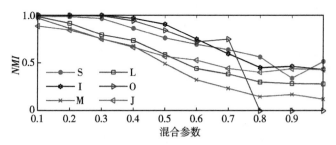

S、I、M、L、O、J 分别表示 ISIM 算法、Infomap 算法、Modularity 算法、Louvain 算法、Oslom 算法和 Jaccard 算法，下同

图 2-4 不同方法在合成网络上的性能

从上面的结果我们可以看到：无论网络是否具有很强或者很弱的社团结构，ISIM 算法与其他方法相比都具有良好的稳定性能，能正确地检测网络

的社团。因此，我们进一步在复杂的真实网络上验证 ISIM 算法在社团检测方面的性能。

2.2.2 ISIM 算法在真实网络上的应用

为了更好地验证新结点相似性在网络社团方面的性能，我们对 6 个真实网络（表 2-2）中的社团结构进行预测。这 6 个网络分别是 Zachary 空手道网络（Karate 网络）[136]、美国高校联盟足球俱乐部网络（Football 网络）[17]、宽吻海豚网络（Dolphins 网络）[137]、生物代谢网络（E.coli 网络）[61]、语义相关网络（Word 网络）[61] 和蛋白质相互作用网络（PPI 网络）。Karate 网络被广泛应用到各种社团检测方法中，它共有 34 个结点和 78 条边，被分成 2 个组。Football 网络由 115 名学生组成，这 115 名学生之间共存在 613 条边，被划分成 12 个队。Dolphins 网络是由 Lusseau 通过观察海豚 7 年间的行为构建的一个网络，这个网络共包含 62 头海豚，被划分成 2 个组。E.coli 网络是由 K-12 MG1655 的代谢通路数据构建[138]。这些代谢网络的社团结构是通过 KEGG 的数据库来注释的[139]。Word 网络是一个有关语义的网络，这个网络通过语义相关性来构建，如果两个单词是相关的，那么这两个单词就有一条边相连，而社团结构通过词语的意义和定义来注释。

表 2-2 6 个真实网络的描述及不同方法预测的社团个数

网络	结点数/边数	LLR	$C_{metadata}$	C_S	C_I	C_M	C_L	C_O	C_J
Karate 网络	34/78	0.246	2	2	3	3	4	4	4
Football 网络	115/613	1.204	12	14	12	14	10	18	16
Dolphins 网络	62/159	0.293	2	4	5	6	6	2	13
E.coli 网络	1042/17 512	9.317	169	60	42	9	4	195	3
Word 网络	5018/55 232	0.499	1069	640	113	7	12	693	320
PPI 网络	1189/11 161	5.761	53	140	68	13	15	277	19

注：$C_{metadata}$ 网络中的实际社团个数，C_S、C_I、C_M、C_L、C_O、C_J 分别是 ISIM、Infomap、Modularity、Louvain、Oslom 和 Jaccard 挖掘的社团个数。

为了更精确地验证不同社团挖掘方法的性能，本章中使用的蛋白质相互作用网络是一个酵母（Yeast）相互作用网络的子网络。这个酵母相互作用网络从数据库 BioGRID[140] 上下载，共包含 59 748 个蛋白质相互作用对，而我们使用的子网络只包含了 1189 个蛋白质和 11 161 个作用对，这 1189 个蛋白质包含了 MIPS[141] 数据库中有关酵母复合物的所有蛋白质，因此，用于衡量不同社团挖掘算法的真实数据集是 MIPS 数据库中的 53 个蛋白质复合物，这主要是因为蛋白质复合物在蛋白质相互作用网络中往往以社团的形式存在。

从表 2-2 中我们可以看到，ISIM 算法预测的社团个数比 Modularity 算法、Louvain 算法和 Jaccard 算法预测的社团个数更接近实际社团的个数。Infomap 算法在 Football 网络和 PPI 网络上预测的社团个数和实际社团个数最为接近；Oslom 算法在 Dolphins 网络和 Word 网络比 ISIM 算法优越。然而，如前面所讲，基于网络局部信息的 Oslom 算法总是会产生一些小的社团。例如，在 Word 网络中，Oslom 算法预测了 472 个只包含 1 个结点的社团，而基于全局网络信息的 Modularity 算法和 Louvain 算法预测到的社团比实际的社团要大，这主要是因为 Modularity 算法和 Louvain 算法可能会遇到社团分辨率的问题。

接下来我们对不同社团方法预测的社团和真实的社团进行量化对比，并用 *NMI* 值进行量化。图 2-5 给出了不同方法预测的社团和真实社团之间的 *NMI* 值。除了 Modularity 算法在 Dolphins 网络上表现的性能好于 ISIM 算法，在其他网络上，ISIM 算法的 *NMI* 值比其他方法的 *NMI* 值都高。Karate 网络和 Dolphins 网络中的真实社团比较大。因此，需要基于全局信息的社团挖掘方法来预测它们。这里需要注意的是，社团的大小与网络的大小有关。例如，在 Karate 网络中，一个真实社团含有 16 个结点，相对于含有 34 个结点的 Karate 网络来说是较大的社团，而相对于含有 5018 个结点的 Word 网络来说是个较小的社团。因此，基于全局信息的 Modularity 算法、Infomap 算法和 Louvain 算法在 Karate 网络和 Dolphins 网络上的性能比 Jaccard 算法性能更为优越。但在真实社团较小的 Football 网络和 Word 网络上，基于局部信息的 Oslom 算法和 Jaccard 算法表现出良好的性能。对于具有较高 *LLR* 值的 E.coli 网络和 PPI 网络，Oslom 算法有较高的 *NMI* 值。

从以上的分析结果中可以看出，以前的社团挖掘方法只是在某类型的网络上才能预测到较为正确的结果。例如，基于网络全局信息的方法只在含有大社团的网络上表现为良好的性能，而基于网络局部信息的方法只在含有小社团的网络上性能优越。我们提出的 ISIM 算法，通过自动地筛选合理的参数 α，可以在更为广泛的网络上正确地预测网络的社团结构。

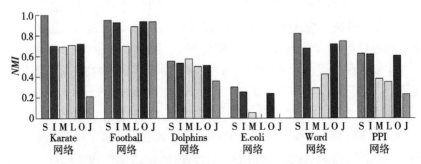

图 2-5   不同社团预测方法在 6 个真实网络上的 *NMI* 值

2.3   ISIM 算法捕捉局部和全局的网络拓扑结构

ISIM 算法之所以能正确地预测网络中的社团，主要是因为它能够有效地融合网络的局部和全局的拓扑结构。为了定量衡量参数 α 是否能使 ISIM 算法挖掘的社团具有局部和全局的变化，我们在 8 个网络上做了如下的实验。这 8 个网络中的 5 个是 2.2.2 节中使用的网络，另外 3 个网络分别是 Jazz 网络[142]、Power 电力网络[13] 和 Email 电子邮件网络[143]。这 3 个网络分别包含 198 个、4941 个、1133 个结点和 2742 条、6594 条、5451 条边。具体步骤如下：首先我们选择 16 个参数 α，这 16 个参数中 8 个参数分布在 0.1~0.9 中，间隔为 0.1，另外 8 个参数分布在 0.91~0.99 中，间隔为 0.01；接着利用这 16 个参数 α，使用 ISIM 相似性对每一个网络产生 16 个相似性矩阵；然后使用层次聚类算法对每一个网络进行分割，得到 16 种网络的划分；最后对于 16 种网络划分的每一种划分计算其分割密度（D）［式（2-19）］和模块度（Q）［式（1-1）］。

图 2-6 给出了 8 个网络的分割密度和模块度。目标函数分割密度 D 根据网络的局部信息定义，而模块度 Q 是根据网络的全局信息定义。从图 2-6 中我们可以看到：当调节因子 α 较小时，分割密度 D 较大，而模块度 Q 较小，这些结果意味着 ISIM 算法捕捉到的是网络的局部拓扑结构。当我们逐步增大调节因子 α 时，分割密度 D 开始变小，而模块度 Q 开始变大，其主要原因是 ISIM 定义相似性主要利用了网络的全局信息。特别地，当 $\alpha = 0.9$

时，Karate 网络、Word 网络和 Email 网络的模块度 Q 迅速增大，而分割密度 D 开始变小，表明 ISIM 算法开始捕捉网络的全局信息。因此，ISIM 定义的相似性能很好地融合网络的全局和局部拓扑结构，而 ISIM 算法中的调节因子 α 能有效地平衡局部和全局信息。

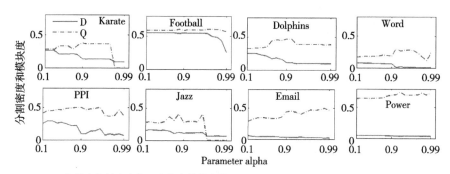

实线为分割密度值，虚线为模块度值，Parameter alpha 为 ISIM 定义中的 α

图 2-6　8 个网络中不同网络分割的分割密度和模块度

2.4　小结

在本章中，我们提出了一种受限的随机游走模型，在这种模型之上，我们给出一种新的转移概率矩阵，进而定义一种新的网络结点相似性 ISIM。这种新的结点相似性能有效地融合网络的全局和局部信息。接下来，我们定义一种衡量网络局部特性的指标 *LLR*：根据网络的 *LLR* 值，我们选择合适的调节因子 α，并产生网络的相似性矩阵。最后，结合目标函数分割密度 D 和层次聚类分割网络，进而预测网络的社团。

与传统的方法相比，无论网络是否具有较强或较弱的社团结构，ISIM 算法都能正确地预测。然而，ISIM 算法也存在一定的缺陷。例如，虽然我们定义了一种衡量网络局部特性的指标 *LLR*，并以此选择合理的参数 α，但是在本章中，我们使用阈值 2 作为网络是否具有强弱特性的分界点，这个分界点还是需要进一步讨论。另外一个重要的问题是，现有的网络往往具有多尺度（multi-scale）性和层次性，即大的社团中包含多个小的社团，而对于只能挖掘网络中某一特定分割的单尺度（single-scale）算法无法解决这些问题。因此，在下面的章节中，我们使用 ISIM 算法进一步研究了网络中的多尺度社团结构。

第 3 章

生物网络中多尺度功能模块挖掘

在第 2 章中，我们提出一种有效的方法挖掘复杂网络中的模块结构，这种新的方法能克服其他模块分析方法的很多缺点，如模块分辨率问题（resolution limit）[76]。模块分辨率问题不仅存在模块度及其各种衍生的算法中，基于局部的方法同样也存在分辨率的问题。这种分辨率的问题与基于模块度方法的分辨率不同，它挖掘较多小模块，而留下较多不具有模块结构的结点。除了分辨率的问题，单尺度（single-scale）模块挖掘方法（这里的单尺度方法是指只能检测网络的一种模块结构）面对具有多尺度（multi-scale）模块的网络也显得无能为力。含有多尺度模块结构的网络并不存在唯一的合理模块结构，而是具有不同大小的模块规模，这种网络对模块挖掘算法要求更为严格，并能揭示其多尺度性。其实含有多尺度模块结构的网络在自然界中也广泛存在，如蛋白质相互作用网络中的复合物（protein complex）。复合物在蛋白质相互作用网络中往往以模块结构存在，不仅如此，复合物组织形式以层次结构存在，并形成树形结构[42]。大的复合物包含小的复合物，大的复合物处在根目录位置，而小的复合物处于叶目录，形成子复合物。这种复合物的层次结构是无法用单尺度模块挖掘方法来解决的，即使有些单尺度挖掘方法把这种层次结构看成模块之间的重叠（overlap）现象，但是还是无法揭示这种模块结构的层次特性。同样，在原子水平上的蛋白质三维结构中，也存在多尺度性，它的结构随着时间和空间的变化而显示不同的大小和状态[107]。在社会网络中，不同的研究机构在不同的层次中展现出不同的模块状态。例如，某学校中，同学可以以班级单元组成小的模块结构，也可以以年级为单位组成大的模块结构，而这样不同规模的模块结构在整个学校来看都是合理的。

人们提出了一些方法来揭示网络中的多尺度模块，如 Stability 方法[107] 和 Map 方法[144]，但是他们的方法存在一些缺陷。在 Stability 方法中，同样存在模块分辨率的问题；Map 方法虽然能很好地克服模块的分辨率问题，但是它过早地收敛到一个模块，还会产生一些没有模块结构的类别。Sales-Pardo 提出的方法是专门用来挖掘具有层次结构的多尺度网络[106]，而在实际的网络中，却往往很少存在具有明显层次结构的网络。因此，这些多尺度的方法仍然无法满足现实复杂网络的需要。最为重要的是，虽然这些方法在被广泛应用到社会网络等领域中，但是很少被用于分析具有多尺度性质的生物网络。因此，在本章中，我们以 ISIM 相似性为基础，提出一种新的方法（ISIMB 方法）分析生物网络中的蛋白质层次特性和功能模块的多尺度性。

3.1　新结点相似性揭示生物网络中模块的多尺度性

在第 2 章中，我们使用结点相似性 ISIM 来分析网络中一种特定的网络分割状态。在本章中，我们要使用结点相似性 ISIM 来分析生物网络中的多尺度特性。要使用结点相似性 ISIM 来分析网络中的多尺度模块，需要解决以下几个问题：第一，如何选择合理的参数 α，并且当参数 α 变化时能够产生用于揭示多尺度模块的相似性矩阵？第二，对于产生的不同相似性矩阵，我们如何揭示网络中的多尺度模块结构？针对第一个问题，我们在第 2 章中定量地证明了参数 α 融合了网络的局部和全局信息，并且随着 α 的变化，得到的相似性矩阵也能获得显著性的变化。因此，只要在 0 ~1 区间内均匀地筛选参数即可（在本书中，我们是在区间 0.01 ~ 0.999 内筛选了 60 个参数）。对于第二个问题，依据不同的相似性矩阵，我们使用层次聚类算法来分割网络。层次聚类算法是一种经典并非常有效的无监督算法，在不同的领域都有广泛的应用，也被成功地应用到模块挖掘领域。但是，层次聚类算法也有一些缺陷，如需要预先输入网络中模块的个数。幸运的是，在我们提出的算法中，模块的个数和相似性矩阵的特征值有密切的联系，即模块的个数是矩阵特征值显著性大于 0 的个数。使用这种方法确定网络中模块的个数，不仅能降低算法的时间复杂度，也能提高算法的性能。

在本章中，我们以 ISIM 相似性为基础，提出一种新的多尺度模块分析算法 ISIMB 算法。ISIMB 算法的具体做法如下（图 3-1）：首先，从 0.01 ~

0.999 的范围内筛选 60 个参数 $[\alpha_1, \alpha_2, \cdots, \alpha_{60}]$，对于任意一个参数 α_x，利用公式 ISIM 计算网络的相似性矩阵 SM_x。因此，对于一个网络，我们得到 60 个网络的相似性矩阵 $[SM_1, SM_2, \cdots, SM_{60}]$。其次，使用层次聚类算法，对每一个网络的相似性矩阵 SM_x 建立其层次系统树。最后，分割系统树，进而实现网络模块的挖掘。在分割系统树过程中，需要预先设置模块的个数，而模块的个数和相似性矩阵 SM_x 的特征值紧密关联，即模块的个数是特征值显著性大于 0 的个数[70,111]。在本书中，设置模块的个数是相似性矩阵特征值大于 0.2 的个数。通过对每一个相似性矩阵的聚类分析，我们得到了一个网络的 60 种多尺度的模块结构。

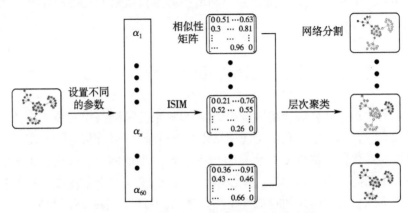

图 3-1　使用 ISIM 相似性揭示多尺度模块流程

3.1.1　ISIMB 算法在标准数据集上的性能验证

为了验证新方法的有效性，我们使用 3 个标准的网络来做实验。与此同时，两种其他的多尺度模块检测方法也被与 ISIMB 算法进行比较。这两种多尺度的方法主要是 Stability 方法[107] 和 Map 方法[144]，它们两个均是利用马尔科夫（Markov）时间点作为模块大小的控制因子，进而揭示网络的多尺度性。

第一个合成的网络是 H15-2 网络[69]（图 3-2a），这是一个异质的网络，拥有两个预先设置的网络层次分割状态（图 3-2b）。H15-2 网络包含 256 个结点，其构建层次模块结构的方法如下：在最里层的模块结构中包含 16 个模块，每个模块含有 16 个结点，并且结点的度为 15。在外一层的模块结构中含有 4 个大的模块，而每个模块含有里一层的 4 个小模块，4 个大模块中之间的结点连接边数为 2。而剩余结点的度和网络中其余结点随机相连。图 3-2c 至图 3-2e 给出了用 3 种方法得到的网络多尺度结构，在 ISIMB 算法中给出了网络中模块的个数随着参数 α 的变化曲线；在 Stability 方法和 Map 方法中给出了网络的模块个数随着马尔科夫时间点变化的曲线。

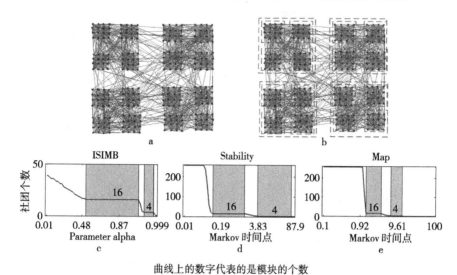

曲线上的数字代表的是模块的个数

图 3-2　H15-2 网络结构（a）、网络的 2 种层次模块结构（b）及 3 种不同方法揭示的网络多尺度模块结构（c~d）

从图 3-2c 至图 3-2e 我们可以清楚地看到：ISIMB 方法和 Map 方法都能有效地揭示 H15-2 网络中预先设置的两种层次模块结构。不仅如此，还发现含有 16 个模块的网络分割状态比含有 4 个模块的网络分割状态更为稳定，这一结果和网络模块的同步性分析是一致的[145]。虽然 Stability 方法能挖掘两种层次的模块状态，但是它认为前者的网络分割更为稳定，而这种网络分割和基于模块度优化的挖掘算法极为相似。实际上，Stability 方法是模块度方法的扩展。因此，Stability 方法很有可能会继承一些基于全局方法的缺陷。

第二合成的网络是由 Lancichinetti 提出的 LFR 标准网络[133]。与第 2 章生成的合成网络一样，生成具有层次结构的网络也需要预先设置网络的一些参数，如网络的结点个数、结点度数的最大值和平均值，内层网络社团的最大和最小结点数，以及外层社团的最小和最大结点数等。我们使用以下参数生成了一个含有两个层次模块结构的网络：$N = 1000$，$k = \max k = 16$，$\min c = \max c = 10$，$\min C = \max C = 50$，$m\mu 1 = 0.03$，$m\mu 2 = 0.08$。生成的合成网络含有两层模块结构：第一层结构含有 40 个模块，每个模块包含 25 个结点；第二层结构含有 20 个模块，每个模块含有 50 个结点。根据 LFR 生成网络机制，我们发现含有 40 个模块的网络分割状态更为稳定。

图 3-3 给出了 3 种不同的多尺度挖掘算法揭示模块结构结果。ISIMB 方法能很好地揭示预先设置的网络模块层次结构。更为重要的是，ISIMB 方法发现含有 40 个模块的网络分割状态较为稳定。虽然 Stability 方法和 Map 方法都能发现这 2 个层次状态，但是它们都认为含有 20 个模块的网络分割状态最为稳定。

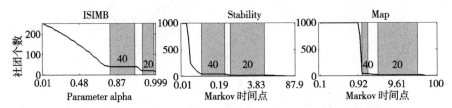

图 3-3　3 种不同的多尺度挖掘算法揭示的 LFR 网络模块结构

最后一个使用的标准网络是 Zachary 空手道网络（Karate 网络）[136]，它被广泛用来验证各种社团挖掘算法的性能。它含有 34 个结点、78 条边，分成 2 个社团，它的多尺度模块结构如图 3-4 所示。从图 3-4 中看到，用我们的方法筛选到的重要模块结构和原始的挖掘模块结构是一致的。我们筛选到的 2 个主要的稳定模块结构，一个是包含 4 个模块的结构，另外一个是含有 2 个模块的结构（图 3-4b），图 3-4c 给出了含有 3 个社团的网络分割。其中含有 4 个模块结构的示意如图 3-4d 所示。含有 4 个模块的网络分割状态比含有 2 个模块的网络状态更稳定。从模块度来看，含有 4 个模块的模块度 Q 为 0.4112，比含有 2 个模块状态下的模块度更高，模块度是从全局视角定义的模块挖掘方法。从局部视角定义的模块来说，如分割密度 D，含有 4 个模块的网络分割状态也比含有 2 个模块的网络分割状态要高。因此，无论从全局定义的模块度和局部定义的分割密度来看，含有 4 个模块的网络分割状态取得的值都比含有 2 个模块的网络分割状态要高，说明前者状态较为稳定，这个结果和我们挖掘到的多尺度结果是一致的。对于 Stability 方法，它只发现了含有 2 个社团的稳定状态，而 Map 方法并没有发现任何稳定的分割状态。从以上 3 个网络的多尺度分析来看，ISIMB 方法无论在合成的网络上还是在真实的标准网络上，都比 Stability 方法和 Map 方法表现出良好的性能，具有良好的鲁棒性。

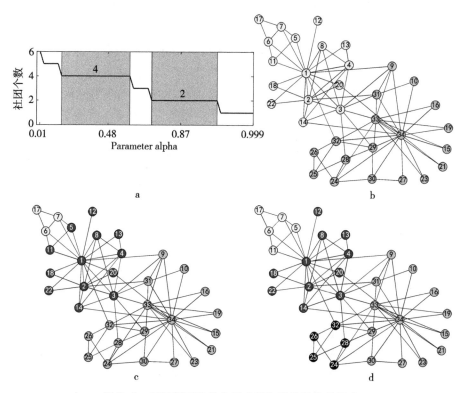

图 3-4 俱乐部网络的多尺度性和模块结构的示意

3.1.2 蛋白质相互作用网络中复合物的模块多尺度分析

由于 ISIMB 方法具有优良特性，促使我们使用它分析生物网络中存在的多层次模块结构，并揭示多尺度模块结构在网络中存在的生物意义。我们使用的第一个生物网络是蛋白质相互作用网络，在蛋白质相互作用网络中，结点代表蛋白质，边是蛋白质和蛋白质之间的相互作用信息。蛋白质复合物和蛋白质的功能模块（functional module）在蛋白质相互作用网络中往往以模块的结构形式存在[146-150]。但是，更重要的是，蛋白质复合物往往以层次结构组织：大的复合物包含小的复合物，而小的复合物融合其他小的复合物进而形成大的复合物。这种复合物的层次结构是用单尺度的社团挖掘方法不能做到的。例如，复合物 "Proteasome" 包含 3 个子复合物："26S proteasome"

"20S proteasome""19/22S regulator",其中,大复合物和3个子复合物分别含有36个、36个、15个和18个蛋白质。

本小节使用的蛋白质相互作用网络是一个有关酵母相互作用网络的子网络:首先,从 MIPS[141] 数据库下载8个酵母的根复合物和它们的子复合物,并去掉含有一个蛋白质的复合物,共得到 78 个复合物;其次,从 BioGRID[140] 数据库中下载包含 59 748 对蛋白质相互作用的数据集,从这个大的数据库中筛选含有 78 个复合物中的蛋白质的边;最后,去除孤立的点,得到一个含有 334 个蛋白质和 1879 条边的蛋白质相互作用网络。

使用 ISIMB 方法我们共得到 60 种 PPI 网络分割状态。为了衡量这些模块结构,我们把预测的结果和真实的蛋白质复合物进行对比。一种最为简单的对比方法是计算预测的模块结构和真实蛋白质之间的匹配分数(matching score, Ms)。在匹配分数之上,人们还可以定义一些更为复杂的度量方式,如正确率(accuracy, Acc)[36] 和最大匹配率[42](maximum matching ratio, MMR)。正确率是度量预测的模块结构和真实的模块结构之间常见的一种方法,它是敏感度(sensitivity, Sn)和真实预测值(positive predictive value, PPV)的乘积的平方根。与正确率相比,最大匹配率可以很好地处理真实模块中重叠的情况。除此之外,我们使用 4 种单尺度的模块分析方法来预测 PPI 网络中的模块结构,并把得到的结果和 ISIMB 方法进行比较。这 4 种单尺度的算法是 ClusterONE[42]、CMC[151]、MCODE[85] 和 MINE[86],它们被用来挖掘生物网络中的蛋白质复合物或功能模块。

Ms 计算公式为:

$$Ms = \frac{|R \cap P|}{|R \cup P|}。 \tag{3-1}$$

Sn 计算公式为:

$$Sn = \frac{\sum_{i=1}^{n} \max_j \{T_{ij}\}}{\sum_{i=1}^{n} R_i}。 \tag{3-2}$$

PPV 计算公式为:

$$PPV = \frac{\sum_{j=1}^{m} \max_i \{T_{ij}\}}{\sum_{j=1}^{m} \sum_{i=1}^{n} \{T_{ij}\}}。 \tag{3-3}$$

Acc 计算公式为：

$$Acc = \sqrt{Sn \cdot PPV} 。 \tag{3-4}$$

MMR 计算公式为：

$$\omega(R, P) = \frac{|R \cap P|^2}{|R| \cdot |P|}, \tag{3-5}$$

$$MMR = \frac{\sum_{i=1}^{n} \max_j \{\omega_{ij}\}}{n} 。 \tag{3-6}$$

式（3-1）和式（3-5）中，*R* 和 *P* 分别表示真实的和预测的模块。T_{ij} 表示的是第 *i* 个真实的模块和第 *j* 个预测的模块之间的交集，*n* 和 *m* 分别表示真实的和预测的模块个数。

图 3-5 给出了 5 种方法在 PPI 网络上的 *Acc* 值和 *MMR* 值。从图 3-5 中我们可以看到，ISIMB 方法的 *Acc* 值在不同调节因子 α 下变化较小（图 3-5a），这主要是因为方法预测的模块个数变化较为平缓。相反，*MMR* 值随着 α 值的变化而急剧减小。由于随着 α 值的变大，ISIMB 方法划分的网络模块也越来越大，预测的模块与真实复合物之间的交集越来越大，因此 *MMR* 值随着 α 值的变大而急剧减小。虽然在某些调节因子 α 值下，4 种单尺度的方法高于 ISIMB 方法，但是大部分的 α 值下，ISIMB 方法的 *Acc* 值与 *MMR* 值的和高于 4 种单尺度的方法。表 3-1 详细给出了在不同的调节因子 α 下，ISIMB 方法优于 4 种单尺度方法的区域。例如，当 α ∈ [0.56，0.95] 时，ISIMB 方法的 *Acc* 值高于 ClusterONE 方法；当 α ∈ [0.01，0.8] 时，ISIMB 方法的 *MMR* 值高于 ClusterONE 方法。

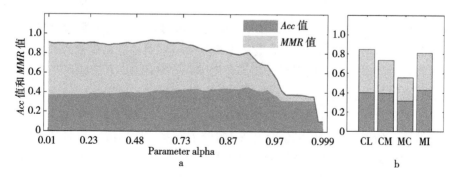

CL、CM、MC、MI 分别代表 ClusterONE、CMC、MCODE 和 MINE 方法

图 3-5　不同模块分析方法在 PPI 网络上的 *Acc* 值和 *MMR* 值

表 3-1　ISIMB 方法优于单尺度方法的 α 值

方法	Alpha_A	*Acc*	Alpha_M	*MMR*	Alpha_S	合计
ISIMB	0.56~0.95	0.41~0.45	0.01~0.78	0.45~0.54	0.01~0.80	0.86~0.93
ClusterONE		0.40		0.44		0.85
ISIMB	0.40~0.46 0.53~0.95	0.40~0.45	0.01~0.91	0.35~0.54	0.01~0.92	0.76~0.93
CMC		0.40		0.34		0.73
ISIMB	0.01~0.97	0.37~0.45	0.01~0.95	0.25~0.54	0.01~0.96	0.61~0.93
MCODE		0.32		0.24		0.56
ISIMB	0.76~0.80 0.83~0.91	0.43~0.45	0.01~0.86	0.38~0.54	0.01~0.86 0.91	0.81~0.93
MINE		0.43		0.38		0.81

注：Alpha_A 表示在其对应的 α 范围内，ISIMB 方法的 *Acc* 值高于其对应的单尺度方法；Alpha_M 表示在其对应的 α 范围内，ISIMB 方法的 *MMR* 值高于其对应的单尺度方法；Alpha_S 表示在其对应的 α 范围内，ISIMB 方法的 *Acc* 值与 *MMR* 值的和高于其对应的单尺度方法。

　　接下来，我们从两个方面定量地分析 ISIMB 方法是如何揭示 PPI 网络中蛋白质复合物的层次组织结构的。与前面使用所有的蛋白质复合物来衡量预测的模块结构不同，这里，我们分开使用根复合物和子复合物（这时的标准数据集为分割的真实复合物）：使用 8 个根复合物来评估 ISIMB 方法中的后 30 种网络的模块结构（$\alpha \in [0.76, 0.999]$），而使用 70 个子复合物来评估前 30 种网络的模块结构（$\alpha \in [0.01, 0.73]$）。我们使用这种衡量方式是因为 ISIMB 方法划分的网络模块是随着 α 值的变大而逐渐变大的。图 3-6a 给出了使用不同的参照复合物衡量预测结构的结果。从图 3-6 中我们可以看到，使用分割的真实复合物作为标准数据集时，ISIMB 方法的模块结构的 *Acc* 值和 *MMR* 值都大于使用原始的真实复合物的结果。这说明 ISIMB 方法发现的模块不仅能和真实的复合物很好地吻合，而且还能从小到大揭示蛋白质复合物的层次结构。接下来，我们使用 *Sn* 分析 ISIMB 方法如何从小到大揭示复合物的层次结构。从 *Sn* 的公式我们可以看出，对于给定的真实复合物，它的复合物中的蛋白质个数是固定的，因此，敏感度值 *Sn* 中的分母是稳定数值。所以，敏感度的值只与 *Sn* 的分子有关，即预测模块与真实模块的交集越大，敏感度的值就越大。由于 ISIMB 方法发现的网络分割中的模块随着调节因子 α 的变大而逐渐变大，当 α 值较小时，网络中的模块较小，与真实模块中蛋白质的交集较小，*Sn* 的值较小；当 α 值较大时，网络中的模块较大。因为真实复合物中的蛋白质有较大程度上的重叠，所以预测的大模块和不同模块的交集较多，Sn 的值就越大。从图 3-6b 中我们可以看到，ISIMB 方法预测模块结构的 Sn 值完全符合上述规律。

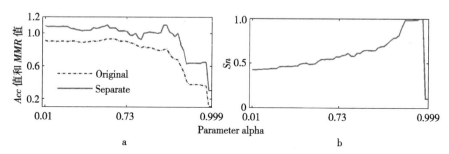

Original 表示用 78 个复合物作为参照复合物得到的结果；Separate 表示用 70 个子复合物和 8 个
根复合物分别作为前 30 种网络分割与后 30 种网络分割的参照复合物得到的结果

**图 3-6　使用根复合物和子复合物情况下，ISIMB 方法的 Acc 值与 MMR 值和的
变化值及 ISIMB 方法的 60 种网络分割状态的敏感度**

如前所述，我们提出的 ISIMB 多尺度方法可以揭示蛋白质复合物的层次结构。图 3-7 给出了复合物 "Proteasome" 和其子复合物之间的层次关系。复合物 "Proteasome" 共包含了 3 个子复合物 "26S proteasome" "20S proteasome" "19/22S regulator"。由于子复合物 "26S proteasome" 含有和根复合物一样的蛋白质，因此我们不再考虑此复合物。当参数 α 等于 0.1 时，两个子复合物同时被 ISIMB 方法预测到。其中，"20S proteasome" 与模块 6（模块 6 的网络结构如图 3-7b 所示，M6）以匹配分值（matching score）等于 0.88 的方式匹配，"19/22S regulator" 与模块 24 以匹配分值等于 0.8 的方式匹配。同样，在参数 α 等于 0.23 时，根复合物 "Proteasome" 以匹配分值等于 0.95 的方式匹配。这说明我们的方法不仅能正确地挖掘复合物，还能很好地反映复合物的层次结构。

第二个蛋白质复合物的层次结构例子是复合物 "Replication complexes"，这个复合物包含 7 个子复合物，而这 7 个子复合物中的一个复合物又包含 7 个子复合物，进而组成一个 3 层结构的树状结构（图 3-8）。从图 3-8 中我们可以看到：处于最底层的 7 个复合物在 α 为 0.1 时被检测到，不仅是因为它们含有的蛋白质个数较少，而且因为它们处于树状结构的最底层。随着 α 的增大，中间层的复合物被挖掘到，如复合物 "Pre-replication complex" 和 "Replication initiation complex" 在 α 等于 0.86 时被挖掘到，同样处于第二层

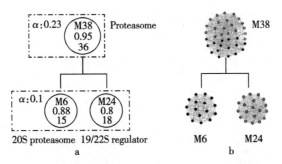

矩形虚线包含两个部分，一个是参数 α 的大小，另外一个是圆形区域，圆形中以 M 开头的标示表示的是复合物在这个 α 状态下匹配的模块；第二个数字表示的是预测的模块和真实复合物之间的匹配值；第三个数字是复合物含有的蛋白质个数。图 a 中的文字表示的是复合物的名字。

图 b 分别表示的是 3 个模块的网络组织形式

图 3-7 复合物 "Proteasome" 和其子复合物之间的层次结构

的其他复合物在 α 为 0.33 和 α 为 0.26 时被挖掘到。最顶层的复合物在 α 为 0.94 时匹配到，并且在这个状态中，参数 α 最大。参数 α 这种层次变化能很好地反映蛋白质复合物在蛋白质相互作用网络中的层次组织形式。

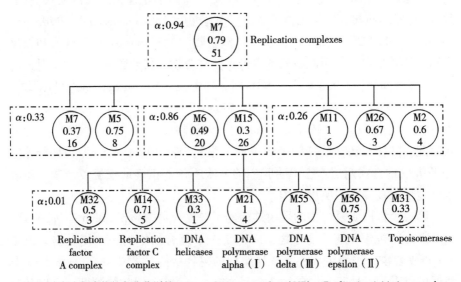

中间层中各个复合物的名称分别是：Pre-replication complex（M7）、Replication initiation complex（M5）、Replication complex（M6）、Replication fork complexes（M15）、Post-replication complex（M11）、Telomerase（M26）、GINS complex（M2）

图 3-8 复合物 "Replication complexes" 及其子复合物之间的层次组织形式

不仅如此，随着参数 α 的增大，更多的处于顶层或者是根目录的复合物被 ISIMB 发现，如复合物 "Kinetochore protein complexes" 在参数 α 等于 0.88 时被成功发现（匹配值为 0.844）。另外一个复合物 "Replication complexes" 是在参数 α 为 0.94 时被以匹配值为 0.69 发现。因此，我们的方法不仅能很好地挖掘蛋白质的复合物，而且能揭示复合物的层次组织形式。因为不同大小和不同层次的复合物在我们的方法中处于不同参数 α 状态下，这种优良的特性是单尺度的模块挖掘方法不能做到的。

3.1.3 蛋白质和基因相互作用网络中功能模块的多尺度分析

在本小节中，我们使用 ISIMB 方法分析 PPI 网络和基因相互作用（genetic interaction）网络中功能模块的多尺度性。这两个生物网络主要由 Lee 等人构建[152]，而被 Dutkowski 等人用来验证网络的模块层次结构和 GO 注释的树状结构[153]。这里使用的第一个网络包含了 3401 个蛋白质和 13 298 条高质量的蛋白质相互作用边。通过去除孤立的蛋白质，共得到一个含有 3277 个结点和 13 225 条边的 PPI 网络。为了验证不同算法的有效性，我们使用 GO 注释树对预测的结果进行定量的评估。这些 GO 注释树从网站 http：//www.yeastgenome.org/下载，并使用这些数据对 PPI 网络中的蛋白质进行分类：被同一个 GO trem 注释的蛋白质放在一个功能模块中。分类后，共得到 2868 个真实的功能模块，最小的功能模块只包含 1 个蛋白质，最大的功能模块包含了 1538 个蛋白质。模块越小，包含蛋白质的生物功能越具体（specific）；模块越大，包含蛋白质的生物功能越广泛（general）。2868 个功能模块中共包含了 36 397 个蛋白质。因此，蛋白质在不同的功能模块中有很大程度的重叠。第二个网络是基因相互作用网络，这个网络共包含 3090 个基因和 11 240 条高质量的相互作用边。预处理后，我们获得了一个含有 2867 个结点和 11 102 条边的网络。通过 GO 注释分析，2867 个基因分别划分到 2546 个功能模块中，其中最小的模块包含一个结点，最大的功能模块包含 965 个结点。同样，真实功能模块之间的蛋白质有很大的重叠性。

使用 ISIMB 算法，对以上两个生物网络进行多尺度功能模块分析后，每一个网络都得到 60 种网络分割状态。对于每一种网络分割状态，使用 *Acc* 值和 *MMR* 值两种衡量指标计算预测的模块结构和真实的功能模块之间的差异性。为了验证 ISIMB 方法的性能，我们使用 4 种单尺度方法（ClusterONE、

CMC、MCODE 和 MINE）对两个生物网络中的功能模块进行分析，并计算其对应的 *Acc* 值和 *MMR* 值。图 3-9 给出了 5 种方法对应的衡量指标值。从图 3-9 中我们可以看到，在 PPI 网络中（图 3-9a、图 3-9b），ISIMB 方法产生的大部分网络分割状态的 *Acc* 值和 *MMR* 值均大于 4 种单尺度方法产生的网络分割，说明我们的方法在分析多尺度特性过程中的每一次网络分割都是最优化的。同样，在基因相互作用网络中（图 3-9c、图 3-9d），60 种网络分割状态的 *Acc* 值和 *MMR* 值均大于 4 种单尺度方法。不仅如此，从这些结果我们还可以看到，不同方法在生物网络分析功能模块时，它们的 *Acc* 值和 *MMR* 值比 PPI 网络中的蛋白质复合物发现算法的值更低。这说明，生物网络中功能模块的分析更为复杂。

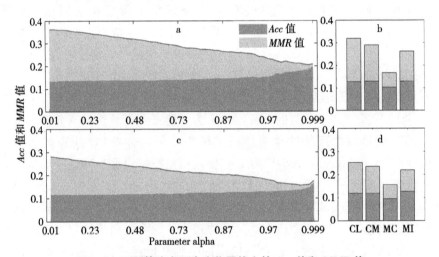

图 3-9　不同算法在两个生物网络上的 *Acc* 值和 *MMR* 值

与 3.1.2 节分析 PPI 网络中的蛋白质复合物一样，我们用两种方式对 ISIMB 方法的多尺度模块结构进行定量衡量。首先，我们把 PPI 网络中真实的功能模块进行划分。划分的规则是：求出真实功能模块的平均大小，然后按照平均大小把 2868 个功能模块分成两个部分。一部分含有较小模块，共 2400 个功能模块；另外一部分含有较大模块，共 468 个功能模块。同样，基因相互作用网络也划分为两个部分，较小的部分含有 2169 个功能模块，较大的部分含有 377 个功能模块。接下来，我们使用两部分真实的功能模块对预测的模块结构进行评估，其中 ISIMB 方法中的前 30 种网络分割状态与较小的功能模块进行对比，而后 30 种网络分割状态与较大的功能模块进行对比，并计算 *Acc* 值和 *MMR* 值。图 3-10 给出了使用原始的真实蛋白质复合物和分割的蛋白质复合物作为标准数据集的 *Acc* 值和 *MMR* 值。在 PPI 网络中（图 3-10a），当使用分割的复合物作为标准与 ISIMB 方法的模块结构进行衡量时，它的 *Acc* 值和 *MMR* 值均大于原始情况下的 *Acc* 值和 *MMR* 值。这说明 ISIMB 方法不仅能揭示网络的多尺度模块结构，而且多尺度的模块结构能很好地从具体到一般的视角反映功能模块的动态变化过程。图 3-10b 给出了使用不同的标准数据集衡量 ISIMB 方法前后的 *Acc* 值和 *MMR* 值变化情况。在基因相互作用网络上，虽然一小部分的 *Acc* 值和 *MMR* 值大于使用分割标准数据的 *Acc* 值和 *MMR* 值，但是大部分情况下，后者的 *Acc* 值和 *MMR* 值大于前者的 *Acc* 值和 *MMR* 值。从图 3-10 中我们还可以看到，当 $\alpha = 0.73$，两种情况下的 *Acc* 值和 *MMR* 值变化不大。特别是在基因相互作用网络上（图 3-10b），使用分割的标准数据集的 *Acc* 值和 *MMR* 值会更小一些。出现这种情况主要是因为我们以 $\alpha = 0.73$ 为界限把 ISIMB 方法产生的 60 种网络分割划分为两个部分，前一部分使用较小的真实模块结构进行评估，而后一部分使用较大的真实模块结构进行评估，而这界限有可能是不太合理的。

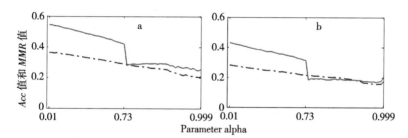

实线表示用分割后的功能模块作为参照功能模块得到的结果；虚线表示用真实的功能模块
作为参照功能模块得到的结果

图 3-10　使用原始标准数据集和分割标准数据集下 *Acc* 值和 *MMR* 值的变化曲线

接下来，我们用敏感度 *Sn* 来分析 ISIMB 方法是否能从具体到一般的视角来分析功能模块的动态变化过程。如果 *Sn* 的值随着 ISIMB 方法中的调节因子 α 的变大而逐步变大，说明 ISIMB 方法分析的模块结构能揭示功能模块的动态过程。图 3-11 给出了 *Sn* 随着调节因子 α 的变化曲线（图 3-11a 为 PPI 网络，图 3-11b 为基因相互作用网络）。从图 3-11 中我们可以得到：在两个生物网络上，随着 α 的变大，ISIMB 方法发现的模块越来越大，模块结构的 *Sn* 值也越来越大。

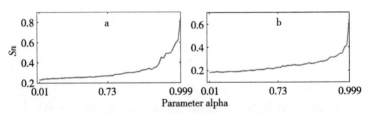

图3-11　两个生物网络上调节因子 α 和敏感度之间的关系

为了验证 ISIMB 方法分析的多尺度模块结构是否能够尽可能地覆盖生物网络中不同层次的功能模块，我们把 ISIMB 算法中产生的 60 种不同的网络分割进行合并，并除去不同 α 下相同的模块，最后在蛋白质相互作用网络和基因相互作用网络中分别得到 2732 个和 2548 个功能模块。合并后的功能模块个数与真实的模块个数非常接近（真实的模块个数分别是 2868 个和2546 个）。除此以外，我们对预测的功能模块和真实的模块进行对比，并计算其 Acc 值和 MMR 值。把计算的结果和 4 种单尺度方法的 Acc 值和 MMR 值进行对比，表 3-2 给出不同方法的对比结果。从表 3-2 中我们可以看出：合并后的 Acc 值和 MMR 值与其他 4 种单尺度的方法相比，有了显著性的提高。这些结果也说明，使用单尺度的方法是无法覆盖生物网络的功能模块的，更是无法从具体到一般的视角揭示功能模块的动态性。

表3-2　ISIMB 方法合并的功能模块和单尺度方法功能模块的性能

网络		方法				
		ISIMB	CMC	MCODE	ClusterONE	MINE
PPI 网络	Acc 值	0.2324	0.129	0.1035	0.1282	0.1292
	MMR 值	0.2556	0.1612	0.0635	0.1914	0.1336
基因相互作用网络	Acc 值	0.1949	0.1192	0.0956	0.1189	0.1265
	MMR 值	0.1819	0.1151	0.0601	0.1323	0.0929

3.2　基于网络分割状态的重要模块结构筛选

使用我们提出的方法，人们可以找到一系列网络的分割状态，而在这一系列状态中，哪些网络的分割状态才是比较重要的网络分割状态？在筛选哪些网络分割是重要的状态之前，我们需要对重要分割状态做出一个定义。一个重要的网络分割状态是在改变调控因子 α 的时候，这个状态比其他的状态能持续较长的时间段，因为持续的时间越长，说明这个网络分割状态越是稳定，对系统就越重要。我们虽然提供了一种筛选重要状态的方法，但是并不能绝对声明网络的其他分割状态并不重要。例如，在我们提出的方法中，一个较为重要的状态是在改变参数 α 的情况下，这个状态能维持较长的时间。在一些网络中，如 H15-2 网络中，它的稳定结构能较好地鉴别出来，因为在相应的图中就可以得到，还有一些网络中，如本书使用的蛋白质相互作用网络中，从参数 α 和模块个数之间的关系图中我们无法找到重要的模块结构，因此，我们要提出一种新的方法来筛选重要的模块结构，这种新的方法是基于网络分割状态的层次聚类方法。

这种新的网络重要模块结构的筛选方法与传统的结点聚类方法极为相似。第一，我们把一种网络的分割状态看作传统聚类中的一个结点。第二，计算不同网络分割状态的相似性，在本书中共有 60 种网络的分割状态。两种网络的分割状态之间的相似性通过归一化的变异信息（Normalization Variation Information，NVI）[154] 来计算：

$$V(X, Y) = H(X) + H(Y) - 2I(X; Y)$$
$$= \mathrm{H}(X \mid Y) + H(Y \mid X) \qquad (3-7)$$
$$= - \sum_{xy} P(x, y) \log \frac{P(x, y)}{P(y)} - \sum_{xy} P(x, y) \log \frac{P(x, y)}{P(x)},$$

其中，X 和 Y 是分割网络的两种状态，$H(X)$ 是 X 的熵，$H(X \mid Y)$ 是给定 Y 条件下 X 的熵。归一化的变异信息能够很好地计算不同的网络分割状态的差异性，并具备一些其他方法无法具备的优良性质。通过计算，我们得到一个大小为 60 的相似性矩阵。第三，依据这个相似性矩阵，使用层次聚类的方法对不同网络的分割状态进行聚类。在层次聚类中，聚类的个数设置为 1~60。第四，在设置不同聚类个数的结果中，挑选一个目标函数最大的结果作为最后的结果。目标函数 F 的定义是平均类内距离除以平均类间距离：

$$F = \frac{\dfrac{1}{nc} \sum_{k=1}^{nc} \left(\sum_{X \in C_k} \sum_{Y \in C_k, \, Y \neq X} NVI(X, Y) \right)}{\dfrac{2}{nc \times (nc-1)} \sum_{C_p, C_q} \left(\dfrac{1}{n_p \times n_q} \sum_{X \in C_p} \sum_{Y \in C_q} NVI(X, Y) \right)}, \qquad (3-8)$$

其中，X 和 Y 表示的是分割网络的两种状态；nc 是类别的个数，在本小节中设置为 1~60；n_p 和 n_q 表示的是类别 C_p 和 C_q 中的网络分割状态。与传统的层次聚类算法方法不同，这种方法是受限的聚类方法（constrained cluste-ring）[155-156]，因为它要求类内的两种分割网络的状态要连续。因此，在最后的结果中，不仅要满足最大的目标函数值 F，还要使式（3-9）结果为 0，即满足类内网络的分割状态要有一定顺序性：

$$\sum_{i=1}^{C_{number}-1} (L_{i+1} - L_i) - (C_{number} - 1),\qquad(3-9)$$

式（3-9）中，C_{number} 是在一个类别中网络分割状态的个数，L_i 是网络分割状态 i 的标号。第五，要筛选一个能代表本类别的网络分割状态。对于一个类别，我们分别计算网络分割状态任意一个与其余状态的归一化变异信息，然后筛选一个最小的归一化变异信息作为本类别的网络分割状态。

为了验证我们提出的筛选网络重要分割状态的有效性，我们把此方法应用到 3.1.2 节使用的蛋白质相互作用网络中。从图 3-12 中我们可以看到，在没有筛选重要模块结构时，人们看不到哪些模块结构是比较稳定或是重要的。通过我们提出的聚类方法筛选后，获得了一些稳定的状态，例如，含有 66 个模块的网络分割状态，含有 55 个模块的网络分割状态（图 3-12）等。

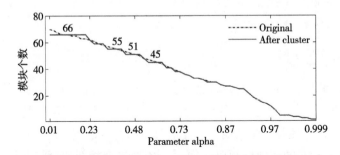

虚线表示未筛选重要模块结构的曲线；实线表示筛选重要模块结构后的曲线

图 3-12　重要模块结构筛选前后的 PPI 网络多尺度结构

为了验证这些稳定的状态是否和真实的蛋白质复合物一致，我们把这些状态下的模块结构信息和真实的蛋白质复合物进行了对比，并计算 *Acc* 值和 *MMR* 值。图 3-13 给出了筛选的重要模块结构和其他模块结构的两种指标值。从图 3-13 中我们可以看到：含有 66 个、55 个、51 个、45 个模块的重要网络分割状态都具有较高的指标值。特别是含有 45 个模块的稳定网络分割状态具有最高的指标值。这些结果说明，基于网络分割状态的聚类方法筛选的稳定模块结构是非常重要的，因为它们的模块结构和真实的蛋白质复合物非常吻合。

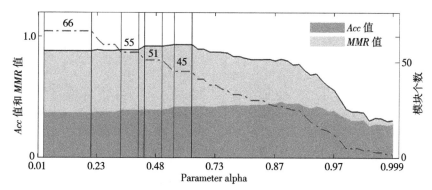

图 3-13   重要模块结构和其他模块结构的 *Acc* 值和 *MMR* 值

3.3   单尺度模块挖掘方法和多尺度模块挖掘方法之间的关系

在本节中，我们利用 ISIMB 方法进一步研究了单尺度模块挖掘算法和多尺度模块挖掘算法之间的关系。这种关系的分析建立在 4 个已知模块结构的网络之上：Karate 网络、Football 网络、Polbook 网络（http：//www. orgnet. com/）和 Dolphins 网络。首先，我们使用 ISIMB 方法分别挖掘这 4 个网络中的多尺度模块结构（图 3-14）。

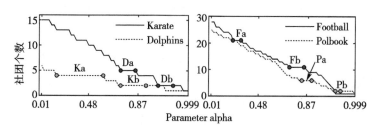

曲线上的标记（如 Ka、Kb）表示的是网络的稳定模块结构。需要注意的是，拥有相同模块个数的网络分割也有可能具有不同的模块结构

图 3-14   4 个网络中的多尺度模块结构

其次，我们用 4 种单尺度的模块挖掘算法（Modularity、Louvain、Infomap 和 Oslom）分别预测网络中的模块结构，并把预测的模块结构和真实的网络模块进行对比，计算其对应的匹配分数 *Ms*，这些结果如图 3-15 所示。

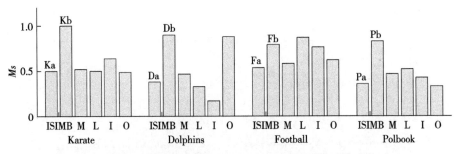

M、L、I 和 O 分别表示 Modularity、Louvain、Infomap 和 Oslom 方法

图 3-15　4 种单尺度的模块挖掘算法预测的模块结构和真实的网络分割之间的匹配分数

　　再次，我们进一步分析了那些 α 值使预测的模块与真实的模块获得最大的匹配分数值。需要注意的是，这里所说的最大的匹配分数值并不一定等于 1，只要在 60 个网络分割状态中值最大即可。通过分析发现：在 Karate 网络中，两个真实的模块在 $\alpha \in [0.8, 0.9]$ 时同时获得了最大的匹配分数值（图 3-16a）。这种现象我们称之为网络中真实模块的同步性（module synchronism）。同样，在 Dolphins 网络中，两个真实的模块在 $\alpha = 0.98$ 时均获得了最大的匹配分数值。因此，Dolphins 网络的模块也具有同步性。在 Polbook 网络中，当 α 分别为 0.960、0.997 和 0.950 时获得了最大的匹配分数值。因此，这些模块具有异步特性（module asynchronism）。图 3-16b 给出了 Football 网络中 12 个模块取得最大匹配值时，参数 α 的分布图。从图 3-16b 中可以清楚地看到，当 $\alpha \in [0.58, 0.68]$ 时所有真实模块均获得了最大的匹配分数值。因此，Footabll 网络中的模块也具有同步性。

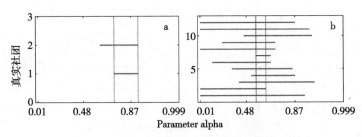

图 3-16　Karate 和 Football 网络中模块的同步性质

　　最后，我们分析了同步的模块是否在稳定的模块结构中（如 Karate 网络的 Ka 和 Kb 状态）。在 Football 网络中，同步的模块处在稳定模块结构的 Fb 中。这个结果意味着，Football 网络中真实模块不仅同步，而且还具有稳

定性。因此，不同的单尺度模块挖掘算法能正确地预测网络中的模块。同样，Dolphins 网络中同步的模块也处在稳定的模块结构 Db 中。Modularity 方法、Louvain 方法和 Infomap 方法没有很好地预测 Dolphins 网络中的模块，但是 Oslom 方法却表现出了良好的性能。在 Karate 网络中，真实模块既同步又处在稳定状态 Ka 中，虽然这 4 种单尺度模块挖掘算法没有很好地预测到真实的模块，但是 Infomap 方法取得了良好的结果。在 Polbook 网络中，真实模块是异步的。所以，4 种方法均没有有效地预测真实的模块。

总体来说，如果一个网络中的真实模块具有同步性，且同步的模块处于 ISIMB 方法所揭示的稳定状态中，那么这个网络中的模块就能被不同的单尺度模块挖掘方法正确地预测。如果网络真实模块只满足第一个条件，那么它们有可能被一些单尺度的模块挖掘算法正确预测。如果网络中的模块具有异步性，那么它们很难被单尺度的模块挖掘算法正确预测。

3.4 小结

本章我们利用提出的 ISIM 相似性，结合层次聚类思想揭示了生物网络中蛋白质复合物和功能模块的多尺度特性。与其他多尺度和单尺度的模块挖掘算法相比，有更好的正确率和鲁棒性。不仅如此，在一系列网络分割状态中，我们提出了一种新的方法来筛选稳定的分割状态。实验证明，这种筛选稳定模块的聚类方法是十分有效的。

虽然 ISIMB 方法在某些特性上表现为良好的性能，但是也存在一定的问题需要我们进一步讨论。第一，在 ISIMB 方法聚类过程中，我们设置了模块的个数即为相似性矩阵特征大于 0.2 的个数，而这一阈值的选取不会对 ISIMB 方法的性能造成影响。当这个阈值设置较小时，由相似性矩阵 SM 产生的模块个数较多，所以我们只要在较短的区间内（如 0.05~0.99）设置合理的参数 α 就能揭示网络的多尺度特性。相反，如果这一阈值设置较大，那么我们在较长的区间内（如 0.001~0.999）设置合理的参数 α 也能有效地揭示网络的多尺度特性。第二，由于多尺度算法需要在网络上多次运行算法，因此，多尺度算法往往是耗时的。同样，ISIMB 方法也存在这样的问题。例如，需要多次求解网络的相似性矩阵。因此，降低算法的时间复杂度也是我们进一步研究的方向。

第 4 章

多条件下基因共表达网络中功能模块的挖掘

基因共表达（gene co-expressed）网络是生物网络中一种典型的网络。基因共表达网络不仅可以帮助人们阐明转录因子（transcription factor）和靶基因（target gene）之间的调控关系，而且还可以预测基因的功能。在基因共表达网络中，结点代表的是基因，边代表的是基因之间的共表达关系。与其他类型的网络不同，基因共表达网络也具有自己特有的属性。例如，基因 A 和基因 B 共表达，基因 B 和基因 C 共表达，那么基因 A 和基因 C 是否共表达？实验证明，基因 A 和基因 C 之间共表达关系的强度有可能较弱[157]。这种基因之间共表达关系的不传递性会给功能预测带来一定的不准确性。另外一个影响基因共表达网络中功能预测的缺点是网络的不完备性。为了克服以上两个缺点，必须正确地分析网络中的功能模块。我们提出一种融合多个条件下的基因表达谱数据，利用最大团（max clique）算法分析基因共表达网络中的功能模块。首先，由于在构建基因共表达网络时融合了多个条件下的基因表达数据，因此，我们的方法可以很好地避免因网络的不完备特性带来的影响。其次，由于使用最大团概念分析网络中的功能模块，我们的方法也可以克服由于基因之间共表达不传递性带来的功能预测的不正确性。

4.1 完备基因共表达网络中功能模块的挖掘

4.1.1 多条件下基因共表达网络的构建

为了尽可能地避免生物网络的不完备性对预测功能模块带来的影响，我们使用了多条件下基因共表达网络数据。在这里，我们主要使用了有关拟南芥（*Arabidopsis*）花药基因数据。拟南芥是一种模式植物，拟南芥花药基因的研究不仅对拟南芥本身有着重要的意义，而且对整个植物界都有着重大的意义。我们在 TAIR 数据库[158]中下载有关拟南芥的基因表达数据，共包含了 79 个微阵列数据，每一个微阵列数据包含了 3 个副本，我们筛选了微阵列标号为 ATGE_36 和 ATGE_43 两条微阵列数据，共 6 个副本。在这 6 个副本的基因表达数据上，如果一个拟南芥基因的"detection"都为 1 的情况下，我们就认为这一个基因在这些芯片数据上有很好的表达能力。以此原则，共筛选 10 513 个拟南芥花药基因。另外，我们从 TAIR 数据库上，下载了所有的拟南芥 309 条代谢通路数据。由于代谢通路下的基因不仅具有较高的共表达性，而且具有相似的生物功能性，因此，这些数据用于与我们的结果的对比。

不同条件下的基因共表达数据从数据库 ATTED-Ⅱ[159]下载，ATTED-Ⅱ数据库是一个针对拟南芥开发的专业数据库，数据中包含了有关拟南芥所有基因的共表达数据。这些数据有 20 906 个文件，每个文件包含 22 752 行，每行的第一列代表的是一个基因，第二列代表的是本基因和目标基因（target gene，文件的名字就是目标基因）之间的共表达值。第二列的数值越大，说明这两个基因之间的共表达程度就越高。

为了构建基因的共表达网络，我们需要在两个基因的共表达之间设置一个合理的参数，如果两个基因之间的共表达值大于这个参数，我们就在这两个基因之间连接一条边。在这里，我们使用 0.6、0.7 和 0.8 这 3 个阈值，并做了相应的实验。实验结果表明，使用阈值 0.8 可以获得较好的结果。对于 10 513 个拟南芥花药基因中的每一个：第一，我们以这个基因为目标基因，在 20 906 个文件中寻找其对应的文件，在这个文件中储存了目标基因和其他拟南芥基因之间的共表达关系；第二，如果目标基因和其余花药基因的共表达值大于等于 0.8，那么我们就在这两个基因之间连接一条边。这样我们就得到了 10 513 个简单的基因共表达网络，除去不含有基因的网络，最后得到 1731 个有关拟南芥花药基因的共表达网络。

4.1.2　基于最大团的功能模块预测

假设任意一个无方向无权重网络 $G=(V, E)$，$V=\{1, 2, \cdots, N\}$ 表示网络的结点集合，$E \subseteq V \times V$ 表示网络的边集合。网络中的一个团（clique，

C）是结点 V 的一个子集：$C \subseteq V$，并且要求团中的每一对结点都有边存在，进而形成一个全连接图（complete graph）。最大团问题（maximum clique problem，MCP）就是要寻找网络中的一个团，并且团中的结点最多。人们已经提出很多确定性的算法求解最大团问题，如回溯法和分支定界法[160]。同样，人们也提出很多模型描述最大团问题，如最大团问题可以转化为二次规划问题（quadratic programming problems）[160]：

$$\min f(x) = x^{\mathrm{T}} A x, \tag{4-1}$$

$$\mathrm{st} \ x \in \{0, 1\}^n。 \tag{4-2}$$

如果定义 $\overline{G}$ 是图（或者网络）G 的补集，$A_{\overline{G}}$ 是 $\overline{G}$ 的邻接矩阵，那么 $A = A_{\overline{G}} - I$，I 是单位矩阵。如果 x^* 是式（4-1）的优化解，那么 $C = t(x^*)$ 是 G 的一个最大团，并且 $|C| = -f(x^*)$。

优化最大团问题是 NP 问题，人们提出很多优化算法来解决这个问题。在本章中，我们使用 Konc 等人提出的分支定界方法（branch and bound algorithm）来挖掘网络中的最大团[161]。这种方法（MaxCliqueDyn）认定着色算法（coloring algorithm）中色彩数目是最大团中结点数目的上限，然后提出一种改进的着色算法分析最大团问题。与其他算法相比，MaxCliqueDyn 方法运行速度较快，特别是在稠密的网络上。由于不同的算法有不同的时间复杂度，MaxCliqueDyn 算法的时间复杂度为 $O(|R|^2)$，R 是网络中的一个子集。

图 4-1 给出了用最大团算法分析拟南芥花药基因功能模块的流程图。图 4-1 中的 A1 ~ A5 分别给出了目标基因 a、b、c、d 和 e 的 5 个简单的基因共表达网络图。需要指出的是，在这 5 个基因共表达网络中，我们只知道非目标基因和目标基因之间的共表达情况，而不知道非目标基因之间的共表达情况。例如，在图 4-1 的 A1 中，我们只能得到基因 b、c、d、e 和目标基因 a 之间的共表达关系，而不能确定非目标基因 b、c、d 和 e 之间是否存在一定的表达关系。图 4-1 中的 B 给出了通过整合 5 个简单的基因共表达网络后形成的有关这 5 个基因之间的完备基因共表达网络。整合的规则是：除去冗余的基因共表达边，添加 5 个简单基因共表达网络中任意一条存在的边。图 4-1 中的 C 给出了从完备基因共表达网络中挖掘的最大团，这个包含 a、c、d 和 e 4 个基因的最大团就是我们挖掘的功能模块。

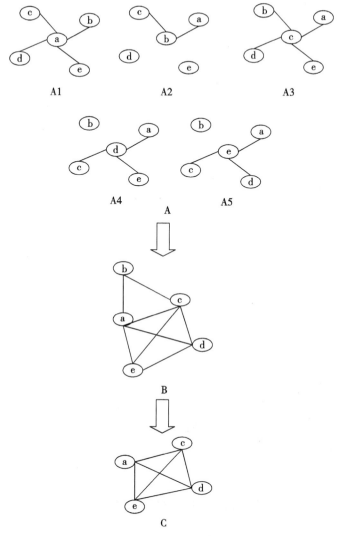

图 4-1 多条件下基因表达谱数据分析功能模块示意

对于构建的 1731 个简单的基因共表达网络，我们只能知道目标基因和非目标基因之间的共表达关系，而无法知道非目标基因之间的共表达关系。因此，我们再次利用 ATEED-Ⅱ 中的基因共表达数据，构建每一个简单基因共表达网络的完备基因共表达网络，共得到 1731 个完备基因共表达网络。使用图 4-1 的方法，我们分析得到 1731 个功能模块（最大团）。去除冗余的功能模块，共得到 254 个有关拟南芥花药基因的功能模块，挖掘流程如图

4-2 所示。

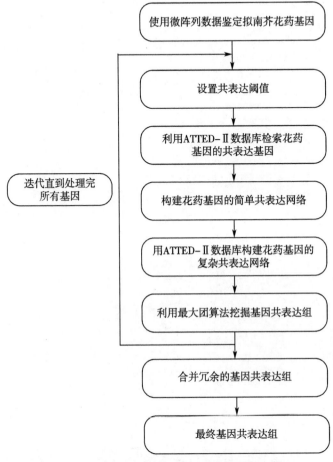

图 4-2 基于最大团算法的功能模块挖掘流程

4.2 预测模块的生物功能分析

4.2.1 预测模块的基因本体论分析

为了验证预测的功能模块是否具有相似的生物功能，我们用基因本体论（Gene Ontology，GO）基因功能注释工具对它们进行功能注释[162-163]。GO 是一种有效的基因功能注释工具，它包含 3 个注释本体论（ontologies）：分子功能（molecular function，MF）、生物过程（biological process，BP）和细胞组成（cellular component，CC），并把结果和拟南芥代谢通路下的基因和K-均值聚类下的基因进行对比。从生物的角度上看，代谢通路下的基因具有高共表达性和功能相似性的特点[164]，因此，以代谢通路为比较对象可以很好地检验算法的有效性。

首先，我们从预测的 254 个功能模块中和下载的 309 条拟南芥代谢通路中分别任意挑选 10 个模块和 10 条代谢通路作为待分析的功能模块范例。K-均值方法（KD）步骤为：第一步，以 10 个预测模块中的基因为基础，下载这些基因的表达谱数据；第二步，用欧式距离计算基因之间的相似性矩阵；第三步，使用K-均值方法（K设置为 10）对基因进行聚类，最后得到10 个类别。除了与K-均值方法对比外，我们还与随机产生的功能模块进行对比。同样，我们以 10 个预测模块中的基因为基础，把这些基因随机地分到 10 个类别中，而随机方法（RD）中类别大小的分布和 10 个预测模块的大小分布一样。其次，对于任意一个预测模块中的基因，计算两两基因之间的功能相似性[162]，然后取其平均功能相似性作为这个模块的功能相似性，最后得到 10 个模块的功能相似性。最后，用同样的方法计算 10 条代谢通路下基因的功能相似性，并和预测模块的相似性值进行对比。我们也对K-均值方法和随机的方法进行相同的处理。图 4-3 给出了 4 种方法在分子功能（MF）和生物过程（BP）上的功能相似性值（排序后）。从图 4-3 中可以看到，基于最大团方法（CD）在生物功能 MF 和 BP 上的性能明显高于K-均值方法和随机筛选方法，说明我们的方法在分析功能模块上有很强的优越性。虽然在大部分代谢通路（PD）下的 MF 值高于我们的方法，但是我们的方法的 MF 值已经接近于 PD 下的值。特别是在 BP 下，我们的方法中某些模块的 BP 值高于代谢通路下基因功能相似性的值，说明我们预测的模块具有明显的功能相似性。图 4-4 给出了 4 种方法在 CC 上的功能相似性。我们可以看到，用最大团的方法分析的模块具有最大的功能相似性。甚至，我们的结果好于代谢通路下的基因功能相关性。这个结果不仅说明了我们的方法不仅能挖掘到高功能相似的模块，而且还说明，在功能 CC 下，功能相似的基因具有较强的共表达性。

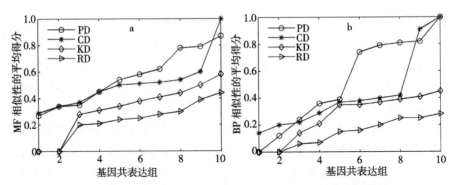

图4-3　4 种不同的方法在生物功能 MF 和 BP 上的功能相似性

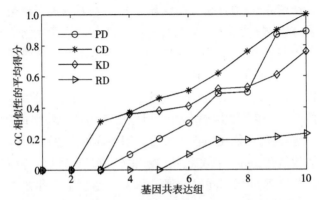

图4-4　4 种不同的方法在生物功能 CC 上的功能相似性

4.2.2　预测模块的示例分析

　　接下来，我们对预测的功能模块做进一步分析，并使用基因本体论分析工具（Gene Ontology Analyzer, GOAL）[165] 对模块的生物功能重要性进行评估。GOAL 是一个用于评估一组基因功能相似性的良好工具。我们使用 GOAL 工具对预测的 254 个功能模块进行评估，并给出了几个示例的功能模块。

　　模块 At1g01080 是一个包含 51 个拟南芥花药基因的功能模块，由 GOAL 工具分析得到：51 个基因和 4 种 BP 上的生物功能紧密相关。这 4 种生物功能是："structural constituent of ribosome"（P-值 = 2.4623E-41）、"structural molecule activity"（P-值 = 2.0125E-42）、"translation"（P-值 = 1.4597E-33）和 "protein metabolic process"（P-值 = 1.4548E-32）。用 GOAL 工具的

输出可得，P-值越小，表明模块具备的生物功能就越相关。我们进一步分析发现，这些基因都参与了"translation"生物代谢过程。实验数据说明模块 At1g01080 中的基因都参与了代谢过程"translation"，并拥有了相似的生物功能。

模块 At1g03130 是我们给出的第二个例子，它共包含 35 个拟南芥花药基因。同样，我们对其进行生物功能和代谢通路分析。使用 GOAL 工具评估我们看到，35 个基因都被生物光合作用所注释（photosystem，P-值 = 2E-46），也被光合作用阶段 I （photosystem I，P-值 = 2.611E-33）和光合作用阶段 II （photosystem II，P-值 = 3.4924E-15）所注释。通过代谢通路数据分析，模块 At1g03130 中的基因同样参与了光合作用过程（通路标号 ath00195，P-值 = 3.281E-25）。根据以上的数据分析，我们可以看出模块 At1g03130 中基因在拟南芥生长过程中，主要参与光合作用的代谢过程。因此，这些基因与拟南芥的生长和繁殖息息相关。

第三个要分析的功能模块是模块 At1g01310，这个模块共包含 152 个基因。我们对其进行生物功能和转录因子-基因（TF-gene）关系分析。模块 At1g01310 中拥有功能"phosphorylation"（P-值 = 1.26E-13）、"kinase activity"（P-值 = 6.32E-13）和"protein modification process"（P-值 = 7.66E-13），这些功能都有效地促进了拟南芥种子的生长和发育。通过转录分析可得：模块 At1g01310 中的基因被转录因子 LEC2 所调控。转录因子 LEC2 在拟南芥花药因子发育过程中发挥着重要的作用，并能促进花药基因中特殊 mRNAs 的积累[166]。由于被同一个转录因子调控的基因是共表达的，所以进一步验证了模块 At1g01310 中的基因不仅功能相似，而且是高共表达的。

我们使用转录因子对模块中的基因进行调控的现象做进一步的分析，模块 At2g32920、At1g52670 和 At1g35310 分别被转录因子 LEC1、FUS3 和 LEC2 所调控。由于这些模块中的基因分别被同一个转录因子所调控，因此它们具有相似的生物功能。转录因子 FUS3 和 LEC1 控制了种子的发育和成熟，如控制种子储存蛋白（seed storage protein，SSP）的聚集[167]。通过相应的文献可知，转录因子 LEC1 和 FUS3 诱导转录因子 LEC2 的表达[166]。因此，模块 At2g32920 和 At1g52670 中基因的表达有可能会促使模块 At1g35310 中基因的表达。从上面的结果我们可以看到，用最大团方法挖掘的功能模块不仅具有高共表达性，而且具有功能相似性。

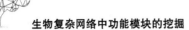

4.3 小结

在本章中，我们使用多条件下基因共表达数据和网络中最大团的算法来分析基因共表达网络中的功能模块，这种新的算法能有效地克服基因共表达网络在功能预测过程中遇到的问题，如基因共表达网络的不完备性和基因表达的不传递性。使用我们提出的新方法，通过大规模的拟南芥花药基因共表达数据分析，我们得到 254 个有关拟南芥花药基因功能模块。根据相应的基因功能分析可得，预测模块中的基因不仅具有相似的生物功能，而且参与了同一条生物代谢反应。更进一步，通过转录因子和代谢通路下基因的对比分析发现，代谢通路下的基因比非代谢通路下的基因具有更强的共表达性。不仅如此，在本章中，我们还利用功能模块进一步分析了模块中的基因被转录因子调控情况，转录因子和基因之间的转录调控关系还可以帮助我们构建基因调控网络。尽管本章的方法克服了功能模块预测过程中遇到的一些问题，但是也还存在一些问题，如在每一个基因共表达网络中，我们只是保留了最大团，因此有可能会丢失较小的功能模块，这些问题还需要我们进一步研究。

第 5 章

蛋白质相互作用网络中稀疏和
高聚合功能模块的共挖掘

在前几章中，我们提出一系列的方法挖掘生物复杂网络中的功能模块。在算法层面上，提出一种收敛空间上的结点度量方法，结合层次聚类思想成功地分析了生物网络中的功能模块及生物网络中模块多尺度的问题。接下来，针对基因共表达网络的不完备性和不传递性提出一种基于最大团的算法，使用这种算法我们有效地分析了网络中的功能模块。实验结果发现，模块结构中的蛋白质和基因具有很强的生物功能相似性。同时，我们还发现，具有生物意义的模块总是不能覆盖网络中所有的结点，即现有的功能模块挖掘方法会产生一些无生物学意义的模块。因此，在本章中，我们深入探索了生物网络中是否还存在另外一种结构的功能模块。

5.1 生物网络中功能单元组织形式的研究背景

虽然在生物网络中功能模块的研究给人们带来了喜人的结果，但是，近期的研究发现，生物网络的功能组织形式不仅仅局限于传统的模块结构。首先，在蛋白质相互作用网络中，蛋白质复合物在网络中拥有明显的模块组织结构；其次，在生物网络中，预测的高聚合功能模块确实具有一定的生物功能相似性，但是这些模块并不能覆盖网络中所有的结点，即不能把网络中的所有结点有效地划分到不同的功能模块中。因此，网络中的功能组织形式并非由单一模块组织形式构成。

早在 2007 年，Wang 等人通过分析含有复合物和不含有复合物的蛋白质相互作用网络发现[113]：第一，在含有复合物的蛋白质相互作用网络中，模块中的蛋白质和复合物中的蛋白质有很强的一致性；第二，在不含有复合物的蛋白质相互作用网络中，模块中的蛋白质并没有明显的功能相似性。虽然，Wang 等人意识到了这种现象，但是他们没有指出功能相似的模块是否还存在其他的组织形式。在 2010 年，Pinkert 等人提出一种挖掘蛋白质相互作用网络中功能单元的方法[114]，这种方法（我们称为 Pinkert 方法）并不预先设置功能模块的组织形式。通过分析人类蛋白质相互作用网络表明，稀疏的模块也有可能形成功能单元（functional units）。但是，此方法有很大的缺点，如利用模拟退火算法（SA）来优化某个误差函数：

$$E(\tau, B) = \frac{1}{M} \sum_{i \neq j}^{N} (A_{ij} - B_{\tau_i \tau_j})(w_{ij} - p_{ij})。 \tag{5-1}$$

在式（5-1）中，N 是网络的结点个数，τ 表示的是 N 个结点到 q 个不同模块的映射关系，A_{ij} 是网络的邻接矩阵，w_{ij} 是结点 i 和 j 之间的权重。$B_{\tau_i \tau_j}$ 是映射后的类别，p_{ij} 是惩罚因子。然而，模拟退火算法在很大程度上依赖于初始的温度、冷却因子等。最为主要的是，在整个过程中需要输入网络中模块的个数。然而，在实际网络中，模块的个数是未知的，特别是在不知道功能单元的组织形式时，模块个数的设定更为困难。另外一个问题是这种方法对于高聚合的模块和稀疏模块存在过分割的现象（图 5-1），即在误差函数相等的情况下，分割模块的个数不定[115]。

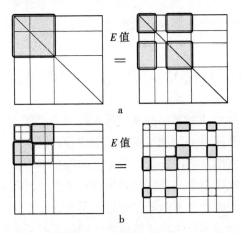

a 表示的是一个高聚合的模块被分割成 2 个小的高聚合模块，但是在这两种分割状态下，却拥有相同的误差函数值 E；b 表示的是两个稀疏的模块被分割成 4 个小的稀疏模块，而具有相同的误差函数值

图 5-1　Pinkert 方法存在的高聚合模块和稀疏模块的过分割现象

5.2 基于二叉树搜索的功能模块挖掘算法

5.2.1 二叉树搜索算法

Pinkert 方法存在的缺陷促使我们开发有效的算法来挖掘蛋白质相互作用网络中的功能单元。在本章中，我们提出一种基于二叉树搜索的方法（BTS 方法）来挖掘功能单元。在挖掘功能单元之前，我们首先定义一个非传统的功能单元组织形式：Bi-sparse 模块（图 5-2）。Bi-sparse 模块中的结点内部连接较为稀少，而与其他高聚合模块（为了区别起见，我们把一般传统定义的模块称为高聚合模块）或者 Bi-sparse 模块连接较为紧密。因此，我们使用二叉树搜索和矩阵论的方法来挖掘网络中的高聚合模块和 Bi-sparse 模块两种类型的模块，而不仅仅是单一的高聚合模块。在这种新的方法中，网络邻接矩阵对角线上的矩阵块代表的是功能（包括高聚合模块和 Bi-sparse 模块）单元内部连接的边，非对角线的矩阵块代表的是不同功能模块之间连接的边，即桥梁矩阵。图 5-2 给出了网络邻接矩阵中不同矩阵块代表的意义。因此，在本书中，我们是通过优化 3 种类型的矩阵块来挖掘高聚合和 Bi-sparse 功能单元。

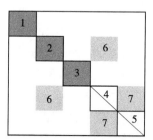

深灰色矩阵块（如 1、2 和 3）代表的是高聚合模块；白色矩阵块（如 4 和 5）代表的是
Bi-sparse 模块；浅灰色的矩阵块（如 6 和 7）代表的是桥梁矩阵

图 5-2 Bi-sparse 模块

在二叉树搜索算法中，我们首先定义了模块边密度（*EDM*）。给定一个模块 r，它的边密度定义为：

$$EDM_r = \frac{l_r}{n \times (n-1)/2} = \frac{\sum_{i=1}^{n}\sum_{j=1}^{n} r_{ij}}{n^2 - n}。 \tag{5-2}$$

其中，l_r 是模块 r 中的边数，n 是模块中的结点数。在给定模块的边密度外，我们又定义了一个结点 a 和模块 r 的连接密度（LD）：

$$LD = \frac{\sum_{i=1}^{n} e_{ai}}{n}。 \tag{5-3}$$

如果结点 a 与模块 r 第 i 个结点有边相连，那么 $e_{ai}=1$，或者 $e_{ai}=0$。模块 r_1 和 r_2 之间的桥矩阵的边密度（$EDBM$）和整个网络的边密度（EDN）定义如下：

$$EDBM = \frac{\frac{1}{2}\sum_{i=1}^{n_1}\sum_{j=1}^{n_2} bm_{ij}}{n_1 \times n_2}; \tag{5-4}$$

$$EDN = \frac{M}{N \times (N-1)/2} = \frac{\sum_{i}^{N}\sum_{j}^{N} R_{ij}}{N^2 - N}。 \tag{5-5}$$

其中，

$$bm_{ij} = \begin{cases} 1, & i \in r_1, j \in r_2, \quad \text{结点 } i \text{ 和结点 } j \text{ 相连} \\ 0, & i \in r_1, j \in r_2, \quad \text{结点 } i \text{ 和结点 } j \text{ 不相连} \end{cases}, \tag{5-6}$$

n_1、n_2 分别表示模块 r_1 和 r_2 中的结点个数，M 和 N 表示的是网络 R 中的边和结点个数。

对于以上有关网络属性的定义，处在非对角线上的桥矩阵可以保证高聚合模块之间的边尽可能的多，Bi-sparse 模块内的边尽可能的少。因此，我们定义了 3 种类型的矩阵块之间的操作顺序：高聚合模块>桥矩阵块>Bi-sparse 模块。通过定义这样一个操作顺序，二叉树搜索方法不仅可以成功地挖掘高聚合的功能模块也可以挖掘有意义的 Bi-sparse 功能模块。

依据以上各种定义的模块，我们使用以下步骤来挖掘蛋白质相互作用网络中的功能模块。第一，随机选择一个结点作为种子结点，然后计算网络中其余结点和该结点的连接密度 LD，如果 LD 大于某一个参数 a_1，那么这两个结点合并形成高聚合的模块（图 5-3 左矩阵块）。同时，通过添加 LD 小于参数 a_2 的结点，进而形成有关这个结点的 Bi-sparse 模块。通过不断添加不同模块类型的结点，我们得到一个含有一个根结点（网络的邻接矩阵）和两个子结点的二叉树（图 5-3），左子树代表的是含有一个高聚合模块的邻接矩阵，右子树代表的是含有一个 Bi-sparse 模块的邻接矩阵。第二，如果构建的高聚合模块的桥矩阵连接密度大于某一个参数 a_3，构建这个桥矩阵。同样，如果构建的 Bi-sparse 模块的桥矩阵连接密度大于参数 a_3，同时也构建 Bi-sparse 的桥矩阵（图 5-4 给出了建立 Bi-sparse 模块的过程）。第三，除去高聚合模块中某些不满足其连接密度大于参数 a_1 的结点，并依据桥矩阵调整 Bi-sparse 模块。第四，重复上述步骤，直到所有结点处理完毕。

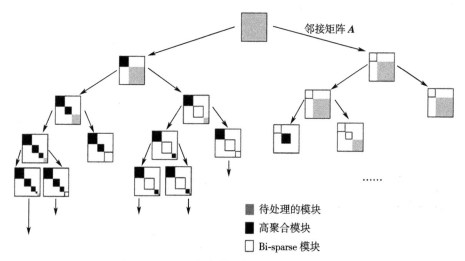

邻接矩阵 **A**

待处理的模块
高聚合模块
Bi-sparse 模块

图 5-3　BTS 方法挖掘各种功能模块的流程

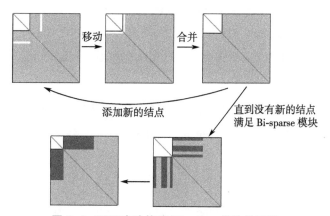

移动　合并

添加新的结点　直到没有新的结点满足 Bi-sparse 模块

图 5-4　BTS 方法构建 Bi-sparse 模块的流程

当所有结点被分割到不同的模块中后，我们建立一个大的二叉树，在这个大的二叉树中，每一条从根结点到叶子结点的路径都代表一种网络分割的状态。对于所有的叶子结点，我们可以使用不同的方法来衡量它们的结果，然后输出我们认为最好的结果。二叉树搜索方法的直观示意图及其详细的步骤如图 5-3 和图 5-5 所示。值得注意的是，图 5-3 所示的最左边的路径是寻找矩阵最优化的高聚合模块，这种只挖掘网络中的高聚合模块结果和模块度的方法是一致的。

A：蛋白质相互作用网络；A_i：待处理的模块，初始状态为 $\{A_i\}=\{A\}$；

p：结点；i：二叉树中层次数；M_i，M_s，M_w：模块。

1. 输入 $\{A_i\}$ 和 $\{M_i\}$，如果 $\{M_i\}=\varnothing$，则取出一个结点 $P \in A_i$，$\{M_i\}=\{P\}$。

2. $\Theta(S) = \Theta(W) = \{A_i\} - \{M_i\}$，$\{M_s\} = \{M_w\} = \{M_i\}$。

3. 构建高聚合模块

   3.1 对于任意结点属于 $\Theta(S)$，如果它对于模块 M_s 的连接密度大于阈值 a_1，则把此结点加入模块 M_s。

   3.2 重新筛选模块 M_s 中的结点，如果结点不满足阈值 a_1，则去除此结点。

   3.3 如果桥矩阵的边密度大于阈值 a_3，则根据 M_s 建立桥矩阵，并根据此桥矩阵，构建模块 $\{M_{i+1}\}$。

   3.4 $\{A_{i+1}\} = \{A_i\} - \{M_s\}$，$\{M_i\} = \{M_s\}$。

   3.5 如果 $\{A_{i+1}\} \neq \varnothing$，则根据 $\{A_{i+1}\}$ 和 $\{M_{i+1}\}$，进入二叉树的下一层次，从步骤 1 开始处理本层次所有结点，或者输出所有 M_j。

4. 构建 Bi-sparse 模块

   4.1 对于任意结点属于 $\Theta(W)$，如果它对于模块 M_w 的连接密度值小于阈值 a_2，则把此结点加入到模块 M_w。

   4.2 重新筛选模块 M_w 中的结点，如果其不满足阈值 a_2，则删除此结点。

   4.3 如果桥矩阵的边密度大于阈值 a_3，则根据模块 M_w 建立桥矩阵，并根据此桥矩阵，构建模块 $\{M_{i+1}\}$。

   4.4 $\{A_{i+1}\} = \{A_i\} - \{M_w\}$，$\{M_i\} = \{M_w\}$。

   4.5 如果 $\{A_{i+1}\} \neq \varnothing$，则根据 $\{A_{i+1}\}$ 和 $\{M_{i+1}\}$，进入二叉树的下一层次，从步骤 1 开始处理本层次所有结点，或者输出所有 M_j 作为一个结果。

图 5-5　BTS 方法的详细步骤

5.2.2 三阈值的选取

如前面讨论，三阈值（a_1，a_2，a_3）在 BTS 方法中起着重要的作用。下面我们讨论如何选择这 3 个阈值。第一，我们给出各个阈值的意义：a_1 是高聚合模块内结点连接密度的最小值；a_2 是 Bi-sparse 模块内结点连接密度的最大值；a_3 是桥矩阵存在的最小值。第二，a_1 小于 1 并且 a_2 大于 0 时才能保证 3 个阈值有合理的模块意义。第三，因为 a_1 和 a_3 分别是高聚合模块和桥矩阵内结点连接密度的最小值，所以，它们的取值范围应该大于阈值 a_2。又因为我们在前面部分设置了 3 种矩阵块操作的优先级，因此，3 个阈值的关系应满足以下关系：$a_1 > a_3 > a_2$。根据我们的实验结果建议：a_3 设置为输入网络的边密度 EDN，然后改变 a_1 和 a_2 的取值范围，进而计算它们和误差函数 E 之间的关系（图 5-6）。

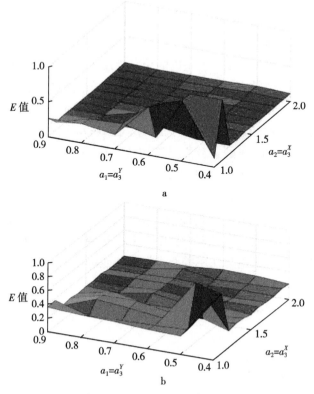

图 5-6　阈值 a_1、a_2 和误差函数值之间的关系

从图 5-6 中我们可以看到，三阈值的组合 $a_1 = a_3^{0.7}$ 和 $a_2 = a_3^{1.5}$ 是很重要的一个拐面。当 $a_1 > a_3^{0.7}$ 和 $a_2 > a_3^{1.5}$ 时，误差函数 E 值开始增大；当 $a_1 \in [a_3^{0.7}, a_3^{0.9}]$ 和 $a_2 \in [a_3^{1.5}, a_3^{2.0}]$ 时，误差函数 E 值变化较小。虽然当 $a_1 < a_3^{0.7}$ 和 $a_2 < a_3^{1.5}$ 时，人们可以获得较小的 E 值，但是有可能会得到较多的小模块。因此，在本章实验中，我们使用的三阈值是 $a_1 = a_3^{0.7}$ 和 $a_2 = a_3^{1.5}$。

5.3 BTS 方法在不同网络中的应用

5.3.1 BTS 方法在合成网络中的应用

为了验证 BTS 算法的有效性，我们首先在合成网络中进行测试。这个被广泛用来检验不同社团挖掘算法的合成网络[168]共包含 128 个结点、4 个模块。4 个模块中的 2 个是高聚合模块，另外 2 个是稀疏模块，网络中结点的平均度为 16。为了更好地验证 BTS 方法的鲁棒性，我们对这个合成的网络添加不同水平的噪声。噪声添加规则是：如果添加的噪声为 0.25，意味着连接结点的 3/4 条边与预设置模块内的结点相连，剩余 1/4 条边与模块外的结点相连。假如一个结点的度为 16，那么有 12 条边与模块内的点相连，4 条边与模块外的点相连。因此，我们可以得到：噪声越小，网络的社团结构越强，噪声越大，网络的社团结构就越弱。图 5-7a 至图 5-7e 中矩阵显示了添加 0.1~0.5 水平噪声的合成网络结构图。在 Pinkert 方法预先设置模块个数为 4 的情况下，图 5-7f 给出了 BTS 方法和 Pinkert 方法在这 5 个网络上的结果，从结果中我们可以看出，我们的方法在 3 个网络上都取得了较小的误差函数 E 值，因此，在合成网络中，BTS 方法比 Pinkert 方法表现出良好的优势。最为主要的是，在现实世界中，生物复杂网络中功能单元的个数往往是未知参数，而我们的方法不需要预设置功能单元的个数，这一优势可以使 BTS 方法更能应用到实际的生物复杂网络中。

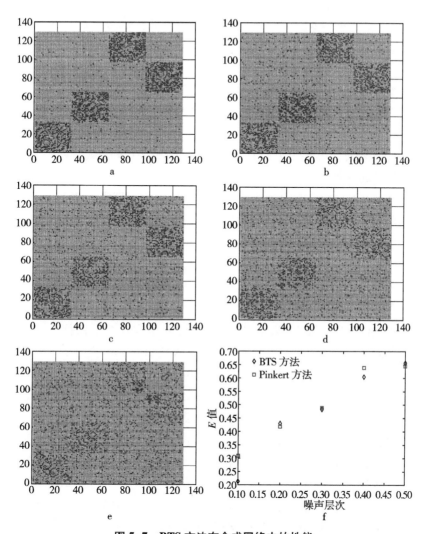

图 5-7　BTS 方法在合成网络中的性能

5.3.2　BTS 方法在蛋白质相互作用网络中的应用

为了更好地理解和挖掘蛋白质相互作用网络中的功能单元，我们用 BTS 方法对 3 个网络进行分析。第一个网络是有关酵母的 Kinase 和 Phosphatase 蛋白质相互作用网络（KPI PIN）[169]，这个网络包含 887 个蛋白质、1844 条蛋白质相互作用边。第二个网络也是一个有关酵母的相互作用网络（DIP yeast core PIN）[170]。这个网络数据从数据库 DIP 中下载，并除去自连接的边而得到。它共包含 2147 个蛋白质和 4275 条边。第三个网络是有关人类蛋白质相互作用网络（BIND human PIN）[127]，这个网络是从数据库 I2D 中获取。I2D 数据库是一个有关哺乳动物和真核生物的已知和预测的蛋白质相互作用数据库，它包含了所有有关人类蛋白质相互作用数据，如 HPRD[171] 和 BIND[172]。通过鉴别 I2D 数据库中带有 BIND 标识的作用对，除去自连接的边，我们得到一个含有 3724 个蛋白质和 8748 条相互作用边的网络。

通过对 BTS 方法的分析，我们在这 3 个网络中分别得到 29 个、59 个和 65 个功能模块，并对这些挖掘到的模块进行性能评估。以前评估的方法有结构等价性、Newman 提出的模块度，以及 Pinkert 等人提出的误差函数 E 等，前两种方法是后一种方法的特殊形式。因此，在本书中，我们使用误差函数 E 来衡量不同方法的性能。误差函数 E 是由 Pinkert 等人提出并首次用来挖掘蛋白质相互作用网络中的功能模块，因此，我们的方法主要和 Pinkert 提出的方法进行对比。在 Pinkert 方法中，E 值在很大程度上依赖于预先设置的模块个数 q。然而，对于一个未知网络中模块个数，作者提出一个合理的方法来选择合适的 q，他们通过不同的 q 值来挖掘不同个数的功能模块。因此，在我们的方法和 Pinkert 方法比较之前，我们详细地研究了误差函数 E 值和模块个数 q 之间的关系。与作者预先设置的模块数一样，我们对一个网络预先设置的模块数为 $q = 5 \sim 25$，$q = 50$，$q = 100$。图 5-8 显示了在本章研究的 3 个蛋白质相互作用网络上 E 值和 q 之间的关系。从图 5-8 中我们可以看到：误差函数值 E 随着 q 值的变大而逐渐变小。q 值越大，网络被分割成越多的模块，结点到模块之间的映射就越好，误差函数值就越小。相反，q 值越小，网络被分割成越少的模块，结点到模块之间的映射就越坏，误差函数值 E 就越大。因此，我们选择了 $q = 5$、25、50 和 100 时的结果和 BTS 的结果进行了对比。此外，我们还选择了 $q = 29$、65 和 59 这 3 个参数，因为这 3 个参数是 BTS 方法挖掘到的模块个数。图 5-9 显示了 BTS 方法和 Pinkert 方法在 3 个网络上的 E 值。从图 5-9 中我们看到：在 BIND 人类蛋白质相互作用网络和 DIP 酵母蛋白质相互作用网络中，我们的方法均获得了较小的 E 值（除 $q = 100$ 外）。这种现象意味着我们的方法比 Pinkert 方法有较好的性能。在 KPI 蛋白质相互作用网络中，BTS 方法拥有较大的 E 值，这很有可能是因为有较大的高聚合模块和 Bi-sparse 模块引起的，在后面的部分我们给出相应的分析。

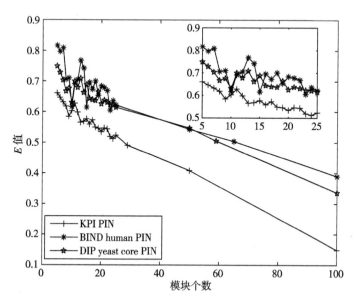

图 5-8　Pinkert 方法中误差函数 E 和模块个数 q 之间的关系

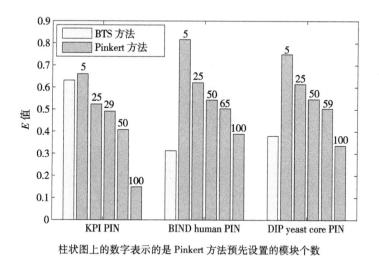

柱状图上的数字表示的是 Pinkert 方法预先设置的模块个数

图 5-9　BTS 方法和 Pinkert 方法在 3 个网络上的误差函数值 E

　　为了更好地揭示 BTS 方法挖掘的模块是否具有显著的功能意义，我们利用基因本体论（Gene Ontology，GO）[163]对 BTS 方法、Pinkert 方法和模块度（Modularity method）的方法进行注释，并用嵌套在 Cytoscape[173]平台上的 BiNGO[174]工具对 3 种方法挖掘的所有模块进行显著性分析。利用 BiNGO 工具，我们对 3 个网络上的模块进行生物过程（biological process，BP）功能分析，并对其输出的 P-值给出了相应的结果。图 5-10 至图 5-12 给出了 3 种不同的方法在 3 个蛋白质相互作用网络上的 P-值。在这 3 个图中，Y 轴表示的是 P-值累计分布频率，因此，曲线下面的面积越大代表这种方法越好。从图 5-10 中可以看到，BTS 方法的曲线面积和模块度方法的曲线面积大小相当，说明这两种方法在 KPI 蛋白质相互作用网络上性能接近。除了当 $q=5$ 时 Pinkert 方法优于 BTS 方法外，其余的情况，BTS 方法均表现为良好的性能。图 5-11 和图 5-12 显示，除了 Pinkert 方法的 $q=5$ 时外，BTS 方法均优于 Pinkert 方法和模块度方法的性能。

下面我们具体地分析 P-值的累计分布频率。利用 BTS 方法，在 BIND 的人类蛋白质相互作用网络中，5.36% 的模块以 P-值小于 10^{-25} 被 BP 注释；在 DIP 数据库的酵母相互作用网络中，12.96% 的模块以 P-值小于 10^{-25} 被 BP 注释。同样，用模块度方法，这两个数字仅为 2.73% 和 7.86%。与 BTS 方法和模块度方法不同，在 Pinkert 方法中，这两个数字和模块个数 q 有很大的关系。当 $q=5$ 时，这个数值高达 40%；当模块个数设置为其他

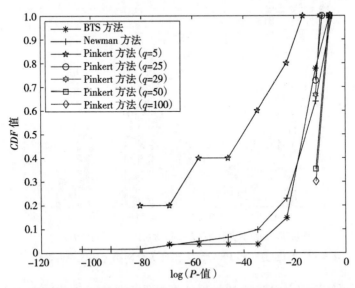

X 坐标对应的是 P-值的 log 变换，Y 坐标对应的是累计分布频率

图 5-10　KPI 蛋白质相互作用网络上，3 种方法挖掘的模块的生物过程（BP）P-值

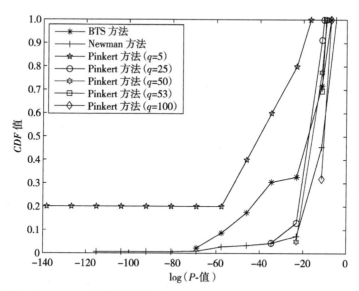

图 5-11   BIND 人类蛋白质相互作用网络上，3 种方法挖掘的模块的
生物过程（BP）P-值

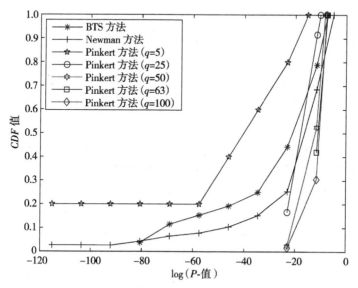

图 5-12   DIP 酵母蛋白质相互作用网络上，3 种方法挖掘的模块的
生物过程（BP）P-值

数值时，Pinkert 方法并没有得到 P-值小于 10^{-25} 的模块。在 KPI 蛋白质相互作用网络中，BTS 方法得到 3.7% 的模块以 P-值小于 10^{-25} 被 BP 注释，用模块度方法，这数值较好，达到 4.92%。同样，在 KPI 蛋白质相互作用网络中，当模块个数 $q=5$ 时，40% 的模块以 P-值小于 10^{-25} 被 BP 注释。这些结果表明，尽管当 $q=5$ 时，Pinkert 方法拥有较多的功能模块。但是，总体上说，BTS 方法比 Pinkert 方法更能捕捉到更多的功能模块。由模块个数 $q=5$ 能得到较好的结果很有可能是由于模块中含有较多的蛋白质，具体的原因还需要我们进一步研究。在我们的实验中还发现，由于模块度方法是试图优化模块度 Q，因此在稀疏网络中，它输出了几个或者一些较大的高聚合模块。而在 BTS 方法中，试图同时挖掘高聚合和 Bi-sparse 两种类型的功能模块，因此能更好地揭示网络所有可能组织的功能模块。

尽管 BTS 方法在 GO 注释方面取得了较好结果，为了更好地衡量 BTS 方法的有效性，我们给出了没有显著性注释的模块。图 5-13 和图 5-14 给出了所有模块未被 BP 和所有功能［Biological Process（BP）、Molecular Function（MF）和 Cellular Component（CC）］注释的模块个数。我们可以看到：由于模块度方法是最大化地优化 Q，进而尽可能挖掘网络中的高聚合模块，因此，会产生更多的小模块，所以不能有效地挖掘 Bi-sparse 模块。模块度方法挖掘到的未被 BP 注释的模块比 BTS 方法要多。用 BTS 方法，在 KPI 网络、BIND 网络和 DIP 网络 3 种网络中，我们只得到了 2 个、9 个和 5 个未被注释的模块（图 5-13）。当我们用所有的基因本体论来注释这些模块时，只有 3 个、5 个和 4 个模块未被注释（图 5-14）。同样，在 Pinkert 方法中，未被注释的模块和预设置的模块个数 q 有很大的关系，即未被注释的模块个数随着 q 值的变大而逐渐变多。当 $q=5$ 时，Pinkert 方法没有检测到未被注释的模块（图 5-13 和图 5-14），主要是因为模块中含有大量的蛋白质。通过 P-值（图 5-10 至图 5-12）我们可以看到：这些模块没有明显的功能意义。因此，Pinkert 方法会陷入一个困境，这个困境就是无法解决优化误差函数 E 和预设置模块个数 q 之间的关系。

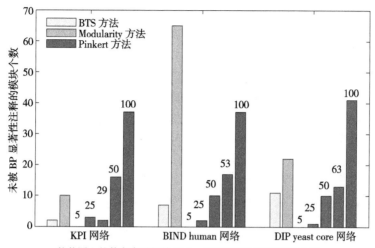

柱状图上的数字表示的是 Pinkert 方法预先设置的模块个数

图 5-13　3 个蛋白质相互作用网络中未被 BP 注释的模块个数

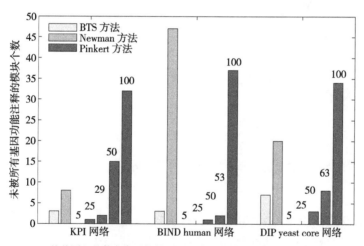

柱状图上的数字表示的是 Pinkert 方法预先设置的模块个数

图 5-14　3 个网络中未被所有基因功能（即生物过程 BP、分子功能 MF 和细胞组成 CC）注释的模块个数

5.3.3　蛋白质相互作用网络中 Bi-sparse 模块功能分析

下面我们具体地对其中的一些 Bi-sparse 模块进行功能分析。在 DIP 酵母的蛋白质相互作用网络中，模块 36 是一个 Bi-sparse 模块，这个模块中的蛋白质之间没有边相连（*EMD* = 0），但是这些蛋白质却和生物功能"rRNA"紧密相连（*P*-值 = 1.7066E−10）。模块 36 和另外一个 Bi-sparse 模块 35（*EMD* = 0）之间有较多的边相连，而模块 35 中的蛋白质也拥有相似的生物功能（"rRNA"，*P*-值 = 1.1915E−8）。图 5−15 给出了这两个模块的连接结构。除了模块 35 和模块 36 外，Bi-sparse 模块 15 也被生物功能"regulation of biological process"（*P*-值 = 1.3513E−13）和"regulation of cellular process"（*P*-值 = 2.8968E−13）显著性地注释。

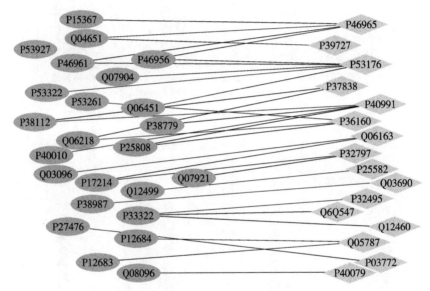

图 5−15　BTS 方法在 DIP 酵母蛋白质相互作用网络中挖掘到的 Bi-sparse 模块 35 和模块 36 之间的连接结构

在 KPI 蛋白质相互作用网络中，模块 28 也是一个 Bi-sparse 模块（*EMD* = 0），模块中共有 107 个蛋白质。虽然这个模块中的蛋白质没有边相连，但是，这些蛋白质和另一个 Bi-sparse 模块 27 中的蛋白质却紧密连接。通过分析发现：它们分别被生物功能"biological regulation"（*P*-值 = 1.8192E−9）和"acetyl−CoA biosynthetic process from pyruvate"（*P*-值 = 1.8245E−9）显著性地注释。进一步分析发现这两个模块和高聚合模块 3 和模块 4 也紧密相连，而模块 3 和模块 4 分别具有相似的"nucleolus organization"（*P*-值 = 2.6173E−7）和"protein amino acid phosphorylation"（*P*-值 = 7.7314E−11）生物功能。同样，在这个网络中，模块 13 也是一个 Bi-sparse 模块，共含有 17 个蛋白质，这 17 个蛋白质与生物功能"protein aminoacid phosphorylation"（P-值 =7.3985E-15）紧密关联。用模块度方法，这 17 个蛋白质被划分到不同的模块中，如蛋白质 YGK3、蛋白质 SRP1、蛋白质 CLA4 被划分到模块 7 中，而蛋白质 PSK1 和蛋白质 CLB2 被划分到模块 12 中，蛋白质 YCK1 和蛋白质 SKM1 被划分到模块 11 中，其余的 10 个蛋白质被划分到不同的模块中。这进一步证明了 Bi-sparse 模块与生物功能紧密相关。Pinkert 方法也无法挖掘到模块 12，说明 BTS 方法比 Pinkert 方法性能优越。

在 BIND 人类蛋白质相互作用网络中，模块 32 也是一个 Bi-sparse 模块，这个功能单元包含 167 个蛋白质，其中有 143 个蛋白质拥有生物功能"protein bindings"（P-值 =5.175E-40），除此之外，这些蛋白质也和生物功能"signaling"（P-值 =4.5229E-8）和"regulation of catalytic activity"（P-值 =1.2642E-6）也紧密相关。

5.3.4 蛋白质相互作用网络中高聚合模块功能分析

在 5.3.3 节中，我们重点分析了 Bi-sparse 模块的功能。在 BTS 方法中，我们也可以挖掘一些功能相似的高聚合模块。例如，在 KPI 蛋白质相互作用中，模块 3 是一个高聚合模块，它的边密度（EMD）为 0.293，这个模块中的蛋白质被生物功能"protein amino acid phosphorylation"（P-值 =7.278E-8）和"nucleolus organization"（P-值 =2.6173E-7）显著性地注释。在 DIP 酵母蛋白质相互作用网络中，高聚合模块 4、模块 8 和模块 22 分别拥有生物功能"transcription"（P-值 =6.2057E-26）、"protein import into nucleus"（P-值 =3.348E-36）和"RNA 39-end processing"（P-值 =1.5842E-30）。

5.4 小结

在以往的研究中，人们研究网络的功能单元往往是以高聚合模块为组织形式，因此，人们提出很多方法来最大化地挖掘这种类型的模块，特别是在生物网络中，如蛋白质相互作用网络、基因共表达网络等。然而，在现实中，网络的功能组织形式往往比人们想象的要复杂得多。近期的研究发现：在蛋白质相互作用网络中，有些稀疏模块中的蛋白质也拥有相似的生物功能。Pinkert 等人第一次提出了一种不依赖于功能组织形式的方法来挖掘蛋白质相互作用网络中的功能单元。根据实验结果发现，一些含有少数边的模块中的蛋白质也具有相似的功能。但是，Pinkert 方法有很多的局限性，特别是需要预先设置网络中的模块个数，这对于一个网络来说是很难做到的。在本章中，我们提出一种新的方法（BTS 方法）来挖掘网络中的功能单元。在这种方法中，我们首先定义了另外一种不同于高聚合模块的功能模块——Bi-sparse 模块。Bi-sparse 模块中的结点连接较为稀疏，而与其他高聚合模块或 Bi-sparse 模块中的结点紧密相连。BTS 方法同时挖掘网络中的高聚合模块和 Bi-sparse 模块。实验结果表明：高聚合模块和 Bi-sparse 模块都有可能构成功能单元。不仅如此，我们的方法与 Pinkert 方法相比，有良好的优势，如不需要预先设置网络中的模块个数、不存在模块的过分裂问题。

虽然我们的方法与其他方法相比，有良好的性能。但是与本章工作有关的一些问题还需要我们进一步完善。第一，有关 BTS 方法的时间复杂度问题。下面我们详细分析 BTS 方法的时间复杂度，并给出一些提高速度的算法。从网络中任意一个结点开始，我们根据阈值 a_1 对网络中剩余的结点进行筛选，如果相应的结点满足条件，则构建一个高聚合模块。同时，我们以这个结点为起始结点，根据阈值 a_3 构建 Bi-sparse 模块。进而构建成含有一个高聚合模块和一个 Bi-sparse 模块的二叉树。然后逐步迭代，直到网络中的所有结点处理完毕。如果我们构建的一个深度为 h 的二叉树，那么建立这些模块的时间复杂度为 $O(2^h)$。由于建立模块时，我们需要依次筛选网络中未加入两种类型模块的结点，因此，在最坏的情况下，BTS 方法的时间复杂度为 $O(N^2 \times 2^h)$，但是在实际的情况下，运行时间会小于这个时间复杂度。根据本章的实验数据来看，BTS 方法运行的时间和 Pinkert 方法运行的时间相当。由于 BTS 方法会产生一些无意义的网络分割状态，因此我们给出一种基于贪婪技术的快速算法。贪婪算法的思路是：首先，任意选取一个起始结点，分别构建其高聚合模块和 Bi-sparse 模块；其次，分别计算这两种网络分割状态下的误差函数 E 值，保留一种 E 值较小的网络分割状态；最后，选择网络中剩余的结点，执行第一步和第二步的操作，直到所有结点处理完毕。由于每一次只保留一种类型的模块，所以基于贪婪技术算法的时间复杂度为 $O(N^2)$，它的运行时间远远低于 BTS 方法。第二，虽然 Bi-sparse 模块中的蛋白质具有一定的生物功能相似，那么，这种类型的模块是否也会存在其他类型的复杂网络中，并且具有哪些属性？这些问题还需要我们进一步探索。

第 6 章

复杂网络的多样性功能模块组织形式探讨

复杂网络的功能组织形式比人们认识的要复杂得多。在生物网络，特别是蛋白质相互作用网络中，蛋白质的功能组织形式不仅仅是高聚合模块，Bi-sparse 模块中的蛋白质也有可能具有相似的功能。因此，在本章中，我们把这一概念推广到更多类型的网络中，如社会网络、计算机软件网络、技术网络等。

BTS 方法是一种新的挖掘蛋白质相互作用网络中功能模块的方法。它通过结合模块的边密度和二叉树搜索理论来挖掘网络中的高聚合模块和 Bi-sparse 模块。实验证明，这种方法可以有效地鉴定网络中的功能单元，最为主要的是，BTS 方法能自动地确定网络中两种类型的模块个数。因此，利用 BTS 方法，我们进一步研究了不同类型网络的功能组织形式。

6.1　BTS 算法性能测试

虽然在本章中我们并不是为了验证 BTS 方法的有效性，但是我们还是在 4 个已知社团结构的网络上进行测试。第一个是合成的网络（图 6-1)[175]，这个网络含有 72 个结点和 448 条边。这 72 个结点分别被分到 3 个模块中，每个模块分别含有 16 个、32 个和 24 个结点。前两个模块是稀疏模块，后一个是高聚合模块。3 个模块中结点的平均度分别为 16、8 和 16。具体的边连接方式如下：网络中第一个模块的结点中的 12 条边连接到第二个模块中，其余的 4 条边连接到模块 3 中。同样，除去与模块 1 中结点连接的边，模块 2 中的其余边连接到模块 3 中。高聚合模块 3 中的边连接方式是：除去与模块 1 和模块 2 中结点连接的边，剩余的边均与模块 3 中的结点相连。其余 3 个真实的网络是 Davis's southern woman 网络（Davis 网络）[176]、Scottish corpor. interlocks 网络（Scottish 网络）[177] 和 Jung 网络[178]。Davis 网络是一个典型的二分网络，它描述的是 Natchez Mississippi 地区妇女之间的社会合作关系。另外一个二分网络是 Scottish 网络。最后一个网络是技术网络，网络中的结点代表的是软件的类别，边代表的是不同类别之间的依靠关系。

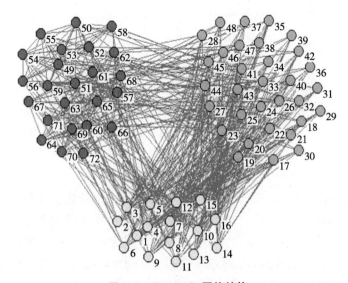

图 6-1 Synthetic 网络结构

除了 BTS 方法，我们还选择了其他的 3 种方法与我们的结果进行对比。其他 3 种方法包括 Newman 提出的混合模型方法（NL 方法）[168]、Infomod 方法[179] 和 Pinkert 方法。首先，用 4 种方法来挖掘网络中的模块；然后，挖掘到的模块和真实的模块进行比较；最后，我们用归一化的互信息（NMI）[135] 对预测到的模块和真实的模块进行定量评估。NMI 值越大，说明两者之间的差异性越小，方法越好。需要注意的是，对于 NL 方法和 Pinkert 方法，需要预先设置模块个数，在这里，我们设置的模块个数和真实的模块个数一致。

从表 6-1 我们可以看到：在 Davis 网络上，NL 方法得到的效果最好，主要是因为我们事先设置了与真实模块个数一样的参数，而 Infomod 方法比 BTS 方法稍好。在其余 3 个网络上，BTS 方法优于 Infomod 方法，特别是在 Scottish 网络上，BTS 方法的 NMI 值远远高于 Infomod 方法的 NMI 值。对于

NL 方法和 Pinkert 方法，即使我们设置的模块个数和实际的模块个数是一致的，BTS 方法的 NMI 值也高于这两种方法的 NMI 值，特别是 Pinkert 方法效果较差。在同样的情况下，NL 方法优于 Pinkert 方法。因此，在本章中，我们使用 BTS 方法来研究各种类型网络中的功能单元，不仅是因为 BTS 方法有较好的性能，最为主要的是 BTS 方法不需要预先设置网络中的模块个数。

表 6-1　4 种模块挖掘方法的性能

网络	结点数	边数	模块个数	BTS[a]	NL[b]	Infomod[a]	Pinkert[b]
				NMI（模块个数）			
Synthesis	72	448	3	0.646（6）	0.423（3）	0.533（4）	0.275（3）
Davis	32	89	4	0.666（2）	0.818（4）	0.669（2）	0.665（4）
Scottish	228	358	9	0.565（5）	0.275（9）	0.122（7）	0.1536（9）
Jung	398	943	38	0.588（35）	0.591（38）	0.537（6）	0.451（38）

注：a 为网络中模块个数由算法自动确定；b 为网络中模块个数预先设置为真实模块的个数。

6.2　复杂网络中高聚合模块和 Bi-sparse 模块的意义

虽然验证高聚合模块和 Bi-sparse 模块的共存性是本章的主要研究内容，但是挖掘到的两种类型的模块是否具有现实意义也是我们研究的重要方面。为了回答这个问题，我们使用 BTS 方法具体分析了社会网络、计算机软件网络和生物网络中的高聚合模块和 Bi-sparse 模块的意义。

6.2.1　社会网络中 Bi-sparse 模块的意义

一个社会网络（social network）可以表示成一组个体的组合和他们之间的关系表达。这些关系可以是朋友关系、生意上的合作关系及家庭关系。与社会网络中的高聚合模块不同，起着弥补社会结构沟壑作用的经纪人之间却不紧密连接。经纪人有两个明显的特性[180]，一是他们在社会中起着桥梁的作用；二是通过桥梁的作用能够促进信息、知识、机会及货物在不同领域的流通[181]。利用 BTS 方法我们分析了一个社会网络中高聚合模块和 Bi-sparse 模块内的人们充当的角色。这个网络是一个非常著名的 Newcomb Fraternity 网络[182]，包含住在同一个旅馆的 17 个学生，通过跟踪 17 个学生之间在 15 个星期内的朋友关系排名而构建的：在每个星期，每个学生都对其他 16 个学生之间的朋友关系进行排名，得到一个行为 17、列为 16 的小网络。对于 15 个星期而言，我们共得到 15 个小的社会网络。为了更好地使用 BTS 方法对其中的模块进行挖掘，我们对这些网络进行简单的转换：对于每一个学生在每一个星期中，我们只取与其排名前 5 的学生相连，并构成一个对称的网络。需要注意的是，在这种情况下，他们之间的边不代表他们之间的认识关系，而是代表他们之间友谊关系的强弱。通过 BTS 方法挖掘发现，在第 8 个星期，这 17 个学生被分成 5 个组，其中组 4 和组 5 是 Bi-sparse 模块，组 4 中有学生 9 和学生 17，组 5 包含学生 13 和学生 16。通过文献 [182] 得知，学生 9、学生 17 和学生 13 都是这些学生中的负责人，起着很重要的协调作用。在第 13 个星期，我们挖掘到一个 Bi-sparse 模块，其中，学生 13 和学生 17 也均在这个模块中。同样，作为一个负责人和协调者，学生 17 同时出现在第 7 和第 9 个星期的 Bi-sparse 模块中。进一步研究还发现，学生 17 出现在很多星期中的 Bi-sparse 模块中，说明学生 17 在这个学生群体中是一个很重要的人物，他起着负责和协调的作用。

6.2.2　计算机软件网络中高聚合模块和 Bi-sparse 模块的意义

我们利用 BTS 方法进一步研究了包含 398 个结点和 943 条边的计算机软件网络（Jung 网络）[178]中的高聚合模块和 Bi-sparse 模块的意义。计算机软件网络中的模块组织形式存在很大的未知性。在软件网络中，结点代表的是软件类别，边代表的是类别之间的依靠关系。利用 BTS 方法，我们在 Jung 网络中共挖掘了 14 个高聚合模块和 21 个 Bi-sparse 模块，接下来，我们对这些模块进行详细分析（表 6-2）。模块 1 是一个含有 33 个结点的高聚合模块，其中，23 个结点属于 Jung "graph" 类，其他 10 个结点属于 Jung "util" 类。正如人们希望的一样，高聚合模块在软件网络中确实存在一定的意义。第二个高聚合模块是包含 18 个软件类的模块 20，其中 13 个结点与 Jung 的 "algorithms.scoring" 有关，其余结点与 Jung 的 "algorithms.shortestpath""graph"和"io"有关。

除此之外，我们也挖掘到几个含有相同类别的 Bi-sparse 模块。第一个要分析的 Bi-sparse 模块是模块 5，这个模块含有 20 个结点。通过分析发现，这 20 个结点全都属于 Jung 的"Visualization"类别，进一步分析得到，其中 9 个结点与 Jung 的"visualization.control"有关，6 个结点与 Jung 的"visualization.renderers"有关。这些结果表明，在计算机软件网络中 Bi-sparse 模块中的结点也有可能形成相似属性的类别。另外两个 Bi-sparse 模块分别是模块 14 和模块 15，它们分别含有 6 个和 5 个结点。其中模块 14 中的 4 个结点属于 Jung 的"algorithms.layout3d"。在模块 15 中，4 个结点与 Jung 中的类"algorithms.importance"紧密相关。

表 6-2　BTS 方法挖掘 Jung 网络中的几个主要模块及其属于的软件类别

模块	类型	大小	描述
1	cohesive	33	[jung.graph].*(23),.util.*(10).
20	cohesive	18	[jung.algorithms.scoring].*(13), .shortestpath.*(2); [jung.graph].Hypergraph(1); [jung.io].GraphReader(1),. graphml.GraphMLReader2(1).
5	Bi-sparse	20	[jung.visualization].*(2), .renderers.*(6), .control.*(9), .annotations.*(2), .transform.LensSupport(1).
14	Bi-sparse	6	[jung.algorithms].layout3d.*(4), .flows.EdmonskarpMaxFlow(1), .importance.AbstractRanker(1).
15	Bi-sparse	5	[jung.algorithms].importance.*(4), .shortestpath.ShortestPath(1).

6.2.3 基因共表达网络中高聚合模块和 Bi-sparse 模块的意义

如第 5 章所述，在蛋白质相互作用网络中，蛋白质的功能组织形式不仅仅是传统的高聚合模块。近期的研究发现，Bi-sparse 模块同样有可能构成蛋白质的功能组织形式[115]。在本小节中，我们把这一观点扩展到另外一种生物网络中，即基因共表达（gene co-expressed network）网络[11-12]。在基因共表达网络中，结点代表的是基因，边代表的是基因之间的表达关系。由于在不同的条件下，处于同一条代谢通路下的基因或者有相似功能的基因呈现相似的表达模式[12]。因此，大部分方法都是挖掘高聚合的模块来预测未知基因的功能[183-185]。而在本小节中，我们试图来挖掘 Bi-sparse 模块和高聚合模块来揭示基因的相似功能。

我们使用的基因共表达网络是由拟南芥代谢通路[158]下的基因构成，它的边由 ATTED 数据库[159]中有关共表达基因数据构成。具体过程如下：首先，我们从有关拟南芥数据库中下载有关拟南芥代谢通路的数据，通过去除同一条代谢通路下重复的基因，并除去代谢通路下少于 5 个基因的通路，我们得到 174 条有关拟南芥的代谢通路，共含有 1725 个基因。其次，从 ATTED 数据库中下载所有有关拟南芥基因共表达的数据，这个数据共含有 20 906 个文件，包含了所有基因之间的共表达值。这些共表达系数是使用皮尔森相关系数（pearson correlation coefficients，PCCs）衡量的，如果两个基因之间的皮尔森相关系数大于等于 0.6[186]，那么这两个基因之间就连接一条边。通过筛选，我们最后得到一个含有 793 个基因、10 184 条边的基因共表达网络。

使用 BTS 方法对这个基因共表达网络分析，共得到 14 个高聚合模块和 21 个 Bi-sparse 模块。为了验证这些模块的生物意义，我们首先使用拟南芥代谢通路数据对其分析。根据同一条代谢通路下的基因共表达的原理[164,187]，我们对模块下的基因和通路下的基因进行定量比较。另外，我们还使用 BiNGO 工具对模块下的基因进行基因功能显著性分析。第一个高聚合模块是含有 64 个基因的模块 5，其中 22 个基因属于代谢通路 "adenosyl-L-methionine cycle"，其余 11 个和 12 个基因分别参与了通路 "zeatin biosyn-thesis" 和 "galactose degradation" 合成。最后的结果表明，这些基因大部分参与了 "adenosyl-L-methionine" 的合成和降解。利用 BiNGO 工具[174]，我

们进一步发现，这些基因与生物功能 "acetyl-CoA biosynthesis" 密切相连
（P-值 = 5.0703E–12）。通过代谢通路和功能分析得到，这些基因主要参与
了拟南芥的分解过程。

接下来，我们主要分析网络中的 Bi-sparse 模块。模块 7 是一个 Bi-sparse
模块，它共有 8 个基因，其中 4 个基因与代谢通路 "cutin biosynthesis" 有
关，其余 2 个和 1 个基因分别与通路 "chorismate biosynthesis" 和 "zeatin
biosynthesis" 有关。我们使用工具 BiNGO 对这个模块进行显著性分析发现，
模块中的大部分基因参与了生物合成和葡萄糖的分解过程（P-值 =
1.8822E–9）。另外一个 Bi-sparse 模块例子是模块 1，这个模块共含有 29 个
基因，虽然这些基因属于不同的代谢通路，但是这些基因与生物功能 "小
分子代谢过程" 紧密相关（P-值 = 4.7619E–10）。这些结果表明，Bi-sparse
模块不仅能形成基因功能单元，而且能参与代谢通路的生物反应。

6.3 复杂网络中高聚合模块和 Bi-sparse 模块的共存性

在本章中，我们使用 25 个网络，并用 BTS 方法挖掘其中存在的功能单
元，表 6-3 描述了其基本的特性。25 个网络可以分成 4 种类型：社会网络、
计算机软件网络、技术网络和生物网络。这些网络具有不同的大小，结点个
数为 105～7343 个，网络中的边数为 168～16 380 条，这些网络有不同的边密
度。一般情况下，一个网络可以表示成一个图，图中的结点代表某一个元素，
如社会网络中一个个体、生物网络中一个蛋白质或者一个基因、计算机技术
网络中一个软件的类别等；边代表的是元素之间的某种关联，如在 Gsphd 网
络中，结点是博士生和导师，边代表的是博士生和导师之间的关系。

表 6-3　25 个网络的基本描述

网络	结点数	边数	参考文献	描述
Csphd（S）	1384	1703	[188]	博士生和导师之间的指导关系网络
Erdos（S）	492	1417	[189]	Erdos 合作网络
Football（S）	115	615	[17]	美国橄榄球俱乐部网络
Lsle_of_Man（S）	675	2007	[188]	有关家族历史网络
Jazz（S）	198	2742	[190]	Jazz 音乐家网络

续表

网络	结点数	边数	参考文献	描述
Science（S）	1589	2742	［191］	科学家共作者网络
Collaboration（S）	5242	14 490	［192］	科学家合作网络
Roget（S）	1022	5075	［193］	Roget 的英语词汇和短语的同义词典网络
Geom（S）	7343	11 898	［188］	计算几何学科学家合作网络
Java（C）	1538	7817	［189］	Java 依赖网络
A00（C）	352	384	［189］	软件项目类之间的关联网络
A96（C）	1096	1677	［189］	有限自动机网络
C98（C）	112	168	［188］	图理论网络
Jung（C）	398	943	［178］	Jung 2.0.1 框架网络
Email（T）	1133	5451	［143］	电子邮箱互通网络
Odlis（T）	2909	16 380	［194］	图书和情报科学的在线字典网络
SmallW（T）	396	994	［195］	HisCite 软件的互引网络
Polbook（T）	105	441		在线图书商售书网络
Power（T）	4941	6594	［13］	电力网络
Usair（T）	332	2126	［188］	美国航空公司网络
Yeast PIN（B）	2361	6646	［150］	酵母蛋白质相互作用网络
KPI（B）	887	1844	［169］	蛋白质相互作用网络
DIP yeast（B）	2147	4275	［170］	DIP 数据库中有关酵母的蛋白质相互作用网络
BIND human（B）	3724	8748	［127］	BIND 数据库中有关人类的蛋白质相互作用网络
Gene co-expression（B）	793	10 184		拟南芥基因共表达网络

注：S、C、T 和 B 分别代表的是社会网络、技术软件网络、技术网络和生物网络。

接下来，我们分以下几个方面具体地研究高聚合模块和 Bi-sparse 模块之间的特性及它们存在的意义。第一，我们研究了高聚合模块和 Bi-sparse

模块在各种复杂网络中共存的特性；第二，从网络结构上分析 Bi-sparse 模块为何能够存在，它的存在是否有合理的意义，以及它们和高聚合模块是否存在一定的关联；第三，通过分析 25 个不同类型的网络，我们进一步分析了 Bi-sparse 模块偏向于存在哪种类型的网络；第四，分析了 Bi-sparse 模块以哪种形式存在复杂网络中。

6.3.1　高聚合模块和 Bi-sparse 模块的共存性

为了更好地理解复杂网络中高聚合模块和 Bi-sparse 模块的可能性，我们用 BTS 方法在 25 个网络上挖掘其可能存在的功能单元。表 6-3 给出了这 25 个网络的简单描述，共涉及 4 种类型：社会网络、计算机软件网络、技术网络和生物网络。表 6-4 给出了这 25 个网络中存在的高聚合模块和 Bi-sparse 模块的情况，我们可以看出：Bi-sparse 模块不仅仅属于某种特定的网络，而是存在 25 个网络之中。在高聚合模块中，结点的相似性是通过两点之间的连接来揭示的，而在 Bi-sparse 模块中，结点的相似性是通过间接连接来揭示的。因此，不同结点之间的关系是通过两种类型的模块来描述的。

表 6-4　25 个复杂网络中存在的高聚合模块和 **Bi-sparse** 模块

网络	高聚合模块/个	Bi-sparse 模块/个	总模块数/个
Csphd	5	13	18
Erdos	8	16	24
Football	15	6	21
Isle_of_Man	1	9	10
Jazz	5	12	17
Science	7	17	24
Collaboration	6	19	25
Roget	16	10	26
Geom	4	16	20
Java	9	19	28
A00	8	6	14

续表

网络	高聚合模块/个	Bi-sparse 模块/个	总模块数/个
A96	7	17	24
C98	3	7	10
Jung	14	21	35
Email	7	17	24
Odlis	6	16	22
SmallW	3	2	5
Polbook	7	8	15
Power	5	19	24
Usair	5	9	14
Yeast PIN	5	9	14
KPI	8	21	29
DIP yeast	26	33	59
BIND human	26	39	65
Gene co-expressed	14	21	35

6.3.2　Bi-sparse 模块存在的合理性分析

为了揭示 Bi-sparse 模块存在的合理性，我们把 BTS 方法产生的模块结果和模块度方法的结果进行对比。众所周知，模块度方法是最大程度上挖掘网络中的高聚合模块。从文献［195］可知，结点少于 10 个的高聚合模块不具备有一定的意义。然而，为了更好地把握网络的整体性能，我们考虑了模块度方法产生的结点数大于 10 的模块（我们简单称为大模块）和结点数小于 10 的模块（小模块），然后详细分析了模块度方法中的大模块和小模块及 BTS 方法中的高聚合模块和 Bi-sparse 模块结点之间的关系。

我们首先分析的是 A00 网络，这个网络包含了 352 个结点和 384 条边。图 6-2 给出了两种方法中模块内结点的统计示意图。在模块度方法中，所有的模块都是高聚合模块，而在 BTS 方法中，包含了高聚合模块和 Bi-sparse 模块两种类型。从图 6-2 得知，模块度方法中小模块的结点共有 110 个，而其余 242 个结点分布在大模块中。在 BTS 方法中，Bi-sparse 模块中共包含 138 个结点，而高聚合模块包含 214 个结点。通过分析发现，在小模块和 Bi-sparse 模块中共有 98 个结点重合，在大模块和高聚合模块中共有 202 个结点重合。虽然小模块中的结点和 Bi-sparse 模块中的结点有大量的重叠，但是这两种模块组织形式却有不同的模块组织结构。

这些结果潜在存在以下几个可能的结论：第一，一些大的高聚合模块都能被模块度方法和 BTS 方法成功地检测到；第二，我们可以清楚地看到，在原来无意义模块中的结点，它们有可能以另外一种形式存在。在本章中，这种无意义的高聚合模块很有可能以 Bi-sparse 模块形式存在，进而形成功能模块。

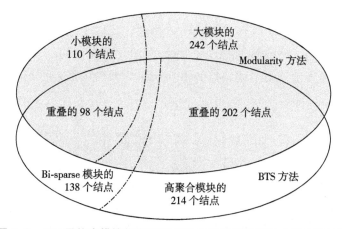

图 6-2　A00 网络中模块度方法和 BTS 方法挖掘的模块中结点的统计

下面要分析的网络是一个社会网络，这个网络是用来描述网络科学家和理论科学家之间的关系。这个网络包含了 1461 个结点（不包含 128 个孤立结点）和 2742 条边。用模块度方法和 BTS 方法分别得到 275 个和 24 个模块。在 BTS 方法中，有 1140 个结点被划分到 Bi-sparse 模块中，321 个结点属于高聚合模块。在模块度方法中，887 个结点被划分到小模块中，其余结点属于大模块。通过比较得到，Bi-sparse 模块中的结点和小模块中的结点有 836 个是重叠的，而在高聚合模块中的结点和大模块中的结点有 270 个是重合的。

最后一个分析的是包含 1022 个结点的 Roget 网络。用模块度的方法共得到 14 个小模块和 8 个大模块，14 个小模块共包含了 47 个结点，大模块共有 975 个结点。使用 BTS 方法，得到 16 个高聚合模块，共 719 个结点，10 个 Bi-sparse 模块，共 303 个结点。通过比较发现，高聚合模块中的结点和大模块中的结点共有 707 个重叠。

通过具体分析这些模块中的结点及其分布发现：高聚合模块和 Bi-sparse 模块共同存在于各种网络中。更进一步分析发现：使用高聚合模块和 Bi-sparse 模块两种类型的模块比单独使用高聚合模块一种类型来描述网络中的功能单元更为有效。这可能是因为一些没有意义的高聚合模块中的结点被 Bi-sparse 模块重新组合，进而形成功能单元。

6.3.3 Bi-sparse 模块的偏好性

哪种类型的网络容易形成 Bi-sparse 模块？我们无法确定性地回答这个问题，但是我们以一种简单的方法来对这个问题进行解释。我们统计了 25 个网络中的高聚合模块中的结点和 Bi-sparse 模块中的结点之间的比例（图 6-3）。

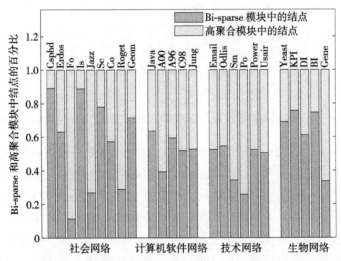

图 6-3 25 个网络中高聚合模块中的结点和 Bi-sparse 模块中的结点之间的比例

在生物网络中，Bi-sparse 模块中的结点占的比例较大。这些结果意味着，生物网络中最有可能拥有 Bi-sparse 模块而拥有较弱的高聚合模块特性，而这些 Bi-sparse 模块也最有可能形成功能单元，这些研究结果和以前文献结果是一致的。在社会网络中，这种状况和生物网络有所不同，Bi-sparse 模块中的结点和高聚合模块中的结点比例有很大的波动，在 Csphd、Is、Sc 及 Geometry 网络中有明显的 Bi-sparse 模块结构，而在 Fo、Jazz 和 Roget 网络中却有明显的高聚合模块结构。这些结果表明，社会网络中是否存在 Bi-sparse 模块结构与社会网络中个体的类型有很大的关系。例如，在 Football 网络中，个体和社团中的组员有频繁的交流和沟通，而与不同组之间的交流甚少，因此，有较强的高聚合社团结构，而无明显的 Bi-sparse 结构。在 Csphd 网络和 Science 网络中，人们从事的是一些高技术领域的活动，需要更多的人充当信息传递角色。因此，在社会高技术领域网络中，倾向于存在 Bi-sparse 模块结构。

虽然在计算机软件网络中有较低的 Bi-sparse 模块结构，但是我们并不能声称有较弱的 Bi-sparse 结构。例如，在 A00 网络和 Jung 网络中，我们都发现了 Bi-sparse 模块结构存在，并且具有一定的功能意义。这些结果表明，高聚合模块和 Bi-sparse 模块普遍存在各种类型的网络中，只是对不同类型的网络有一定的偏好性。

6.3.4　Bi-sparse 模块的大小

我们进一步研究了 Bi-sparse 模块的大小，统计了 25 个网络中高聚合模块和 Bi-sparse 模块的平均大小。图 6-4 给出了各种网络中高聚合模块和 Bi-sparse 模块的大小。从中可以看出有 3 个网络（Csphd、Sc 和 KPI 网络）的 Bi-sparse 模块比高聚合模块要小，在这里，我们对这个现象给出一个简单的

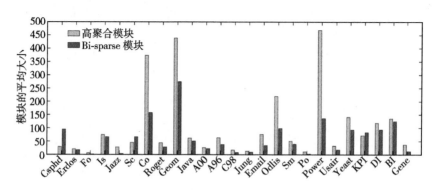

图 6-4　25 个网络中高聚合模块和 Bi-sparse 模块的大小

解释。在社会网络中，Bi-sparse 模块中的人们可能充当着经纪人的角色，他们促进不同社团中信息的传递和交流。因此，这些个体占总数比例较少。在计算机软件网络和生物网络中，Bi-sparse 模块很有可能形成一些和高聚合模块一样的功能单元或者软件包。然而，在技术网络中，Bi-sparse 模块的大小存在一定的不确定性，还需要我们进一步研究。总体而言，Bi-sparse 模块中结点的个数要少于高聚合模块中的结点个数，这和现实世界中的问题是一致的。

6.3.5　Bi-sparse 模块的组织形式

在前几节中，我们给出了高聚合模块和 Bi-sparse 模块在各种复杂网络中的共存性。下面我们要讨论的是 Bi-sparse 模块是以何种组织形式和高聚合模块共同存在一个网络中的。这里，我们给出了 Bi-sparse 模块两种组织形式（图 6-5）。图 6-5 中 a1 是 Bi-sparse 模块作为一种桥梁结构存在，用来连接不同高聚合模块，这种形式的 Bi-parse 模块在社会网络中广泛存在。处于这些模块中的人们往往充当着经纪人的角色，促进信息在不同领域的交流。图 6-5 中 a2 是 Bi-sparse 模块存在 Science 网络的一种实例。图 6-5 中 b1 是 Bi-sparse 模块的另一种存在形式，即两个 Bi-sparse 模块紧密相连，这种 Bi-sparse 模块结构与第一种不同，它广泛存在于生物网络中，并且具有一定的生物意义，Bi-sparse 模块内的结点具有相似的生物功能。图 6-5 中 b2 是 Bi-sparse 模块结构在 Geom 网络中存在的一个实例。

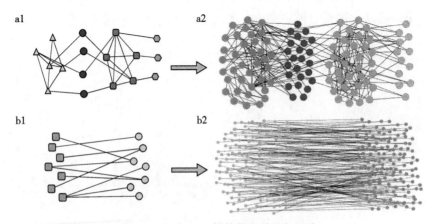

图 6-5　Bi-sparse 模块的两种组织形式

6.4 BTS 方法中三阈值的选取

BTS 方法中三阈值的选取对于其性能有着重要的联系。根据第 5 章研究的内容我们知道：a_1 是高聚合模块内结点连接密度的最小值；a_2 是 Bi-sparse 模块内结点连接密度的最大值；a_3 是桥矩阵存在的最小值。同时，我们给出了 3 种阈值的设置，a_3 为输入网络的边密度，$a_1 = a_3^{0.7}$ 和 $a_2 = a_3^{1.5}$，为了简单起见，我们把这组阈值的组合简写为（0.7，1.5，1）。为了使 BTS 方法能应用到更广类型的网络中，我们推荐其他 5 组三阈值的组合：（0.5，1.3，1）、（0.5，1.7，1）、（0.85，1.3，1）、（0.8，1.4，1）、（0.5，1.5，1）。当使用 BTS 方法对网络中的功能单元进行分割时，可以使用这 5 组三阈值分割网络，最后选取一个误差函数 E 值最小的作为结果。虽然我们给出了其他 5 组三阈值的组合，但是我们建议使用 BTS 方法时，要首先考虑（0.7，1.5，1）作为阈值，因为这组阈值与其他阈值相比有更好的普遍性。在本书的使用中，25 个网络中的 11 个网络、合成网络和基因共表达网络使用的三阈值为（0.7，1.5，1）；Csphd、Erdos、Football、Isle_of_man、Science 网络使用的三阈值为（0.5，1.5，1）；Collaboration、Odlis 和 Power 网络使用的三阈值为（0.85，1.3，1）；Geom 和 C98 网络使用的三阈值为（0.8，1.4，1）；Jung 网络使用的三阈值为（0.5，1.3，1）。对于 15 个小的社会网络（这 15 个网络为 Newcomb Fratenity 不同时刻下的网络）使用的三阈值为（0.5，1.7，1）。

作为 BTS 方法的一个改进，完善的 BTS 方法能够处理二分网络，即网络中只包含 Bi-sparse 模块，如本章使用的 Davis 和 Scottish 网络。同样，使用 BTS 方法挖掘这些网络中的模块，也需要选择合理的三阈值。与前面用 BTS 方法同时挖掘网络中的高聚合模块和 Bi-sparse 模块不同，阈值 a_1 和 a_2 固定不变，它们的值为 $a_1 = a_3^{0}$ 和 $a_2 = a_3^{1.5}$，而只要改变阈值 a_3 就可以挖掘二分网络中的模块。为了更好地设置阈值 a_3，我们在网络 Davis 和 Scottish 上研究了阈值 a_3 与误差函数 E 之间的关系，如图 6-6 所示。当 $a_3 \in [0.9, 1.5]$ 时，误差函数 E 值变化较小，特别是在 Scottish 网络上。因此，当 $a_3 \in [0.9, 1.5]$ 时，BTS 方法均可获得较好的结果。

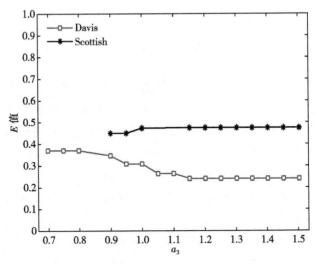

图 6-6　阈值 a_3 和误差函数 E 之间的关系

6.5　小结

在本章中，我们用 BTS 方法对 4 种类型的 25 个网络中的功能单元进行挖掘，结果发现，在 25 个网络中都存在 Bi-sparse 模块，并且 Bi-sparse 模块和高聚合模块共同存在一个网络中。我们进一步研究了高聚合模块和 Bi-sparse 模块在社会网络、计算机软件网络和生物网络中存在的意义。最后我们还研究了 Bi-sparse 模块其他的一些特性，如 Bi-sparse 模块的大小、它对哪种类型的网络有偏好及它的组织形式。虽然我们具体研究了一些 Bi-sparse 模块特性，并给出了具体的解释，但是由前面的研究可得：很多生物网络都存在一定的不完备性和不准确性，是不是因为生物网络的不完备性导致了 Bi-sparse 模块的存在，并具备一定的生物功能，这些问题还有待于我们进一步研究。生物网络的不完备性主要是因为人们对生命体的认识不足造成的。在人与人关联的社会网络中，我们有足够的时间和精力研究他们之间的属性，因此，社会网络与生物网络相比，有更强的完备性。因此，Bi-sparse 模块在社会网络中存在的可能性最大。

第 7 章

总结和展望

7.1 总结

自然界中很多现象都可以描述为复杂的系统，而复杂系统的研究难度往往超出人们的想象。幸运的是，复杂网络的出现，为研究复杂系统提供了理论和实践上的基础。大部分复杂系统都可以用只含有结点和边的复杂网络来表示，进而在抽象的网络上对复杂系统进行研究。因此，复杂网络随即也演化成一种学科，即网络科学。网络科学是 21 世纪初发展起来的一门学科，并很快得到蓬勃的发展。网络的很多特性已被人们深入研究，并得到一些富有成效的结果，如网络的聚类系数、度的分布、小世界性、网络的可控性等。然而，近几年来，网络的另一个特性——模块或社团，引起人们的广泛注意，人们对其进行了深入研究。网络模块的研究虽然取得引人注目的成果，但是很多重要的结果仍然没有得到很好的解决。本书针对生物复杂网络中功能模块挖掘存在的问题，给出了一系列的解决方案。现将本书的结论总结如下。

①针对现有生物网络功能模块挖掘过程中算法层面上存在的问题，利用受限的随机游走模型，充分开发网络的全局和局部拓扑结构提出一种新的结点相似性 ISIM。这种新的相似性通过使用一个调节因子成功地融合了网络的全局和局部拓扑信息。ISIM 不仅能有效地衡量不同结点的相似性，而且可以反映结点在网络中的拓扑结构。与传统的结点相似性相比，ISIM 在一系列不完备的网络上性能更为稳定。

②根据 ISIM 结点相似性，并结合层次聚类思想，人们可以正确地挖

掘复杂网络中的模块结构。与其他现有的模块挖掘方法相比，ISMI 方法是一个无参数的方法，它能自动地确定网络中模块的个数。同样，使用 ISIM 方法挖掘到的模块不仅与真实的模块结构能更好地匹配，而且能有效地克服现有方法存在的网络欠分割（即模块分辨率问题）和过分割的问题。

③生物复杂网络中的模块都具有一定的层次特性，即大的模块中嵌套小的模块，进而组织成一个树状的模块结构。这些生物网络中的功能模块不存在一种最佳的模块结构，而表现为多尺度性。我们使用 ISIM 结点相似性，提出一种新的算法 ISIMB 对网络中的多尺度模块进行挖掘。通过在标准数据集上的实验发现，ISIMB 有良好的稳定性和鲁棒性。使用 ISIMB 方法，我们创新性地揭示了生物网络中蛋白质复合物的模块层次特性和功能模块的多尺度特性。我们的方法为研究生物网络中的模块结构提供了一种新的思路，这种新的思路与传统的方法相比，更能揭示功能模块的本质特性：从具体到一般。

④为了解决生物网络的不完备性给功能模块预测带来的影响及基因之间共表达的不传递性，本书提出了一种新的方法检测基因共表达网络中的功能模块。这种方法首先融合不同条件下基因共表达谱数据构建完备的基因共表达网络，随后使用最大团算法挖掘网络中的功能模块。由于这种方法能有效地克服基因共表达网络的不完备性和不传递性，因此，它预测的功能模块与其他方法相比有较高的生物功能相似性。甚至与代谢通路下的基因相比，我们的方法也表现出了良好的性能。通过转录和调控关系分析，预测功能模块中的基因有较高的概率被同一个转录因子所调控，从而为构建基因调控网络提供丰富的结果。

⑤我们以生物网络中的功能模块是由模块结构组成为指导，提出一系列的方法来分析生物网络中的功能模块。不仅如此，我们的方法不仅能很好地揭示生物网络中蛋白质复合物的层次结构，而且还能从具体到一般的视角揭示功能模块的动态特性。然而，更为意外的是，人们发现传统的高聚合模块并不能覆盖生物复杂网络中的所有结点。因此，高聚合模块有可能并不是构成生物功能模块的唯一组织形式。为了解决这个问题，我们提出 BTS 方法来挖掘网络含有的功能模块，并定义了另外一种生物网络中的功能模块组织结构——Bi-sparse 模块。BTS 方法使用二叉树搜索理论和矩阵特性来搜索网

络中含有的功能模块。实验数据表明，BTS 方法不仅能很好地挖掘生物网络中的功能模块，而且能克服其他方法存在的缺陷。

⑥在生物网络中，功能单元的组织形式不仅仅是高聚合模块，Bi-sparse模块作为另外一种形式也构成了功能模块。以此为依据，我们把这种概念进行推广。我们整理了 4 种类型的 25 个网络：社会网络、计算机软件网络、技术网络和生物网络，使用 BTS 方法对社会网络、计算机软件网络、技术网络和生物网络中的功能模块进行挖掘。结果表明，除了高聚合模块能充当功能单元的角色外，Bi-sparse 模块同样存在一定的意义。例如，在社会网络中，Bi-sparse 模块中的人们充当经纪人的角色，促进不同领域人们的交流和沟通；在计算机软件网络中，Bi-sparse 模块中的软件类构成了相似的软件包；在基因共表达网络中，Bi-sparse 模块中的基因同样具有相似的生物功能。进一步研究表明，在 25 个网络中都存在 Bi-sparse 模块，与高聚合模块共存在同一个网络中。详细分析发现，Bi-sparse 模块作为网络中高聚合模块的一种补充，同样构成功能模块。此外，我们研究了 Bi-sparse 模块的一些特性：与高聚合模块相比，Bi-sparse 模块较小；Bi-sparse 模块偏好存在生物网络中；最后我们给出了 Bi-sparse 模块的两种组织形式。

7.2 展望

本书对网络中的社团或模块结构进行了深入的探索，内容涉及网络中模块的挖掘、模块多尺度性的揭示、各种网络中功能组织形式的探索等内容，并取得一系列有意义的结果。但是，还有一些问题需要我们进一步研究。

①使用 ISIM 方法对网络中的社团进行挖掘时，需要具体地确定 ISIM 中的参数 α，而参数 α 的确定和网络某种属性有很大的关联性。当 α 设置较大时，全局信息在 ISIM 中起着重要的作用，我们可以挖掘到网络中较大的模块；当 α 设置较小时，局部信息在 ISIM 中起着重要的作用，我们可以挖掘到网络中较小的模块。因此，对于网络中实际的模块较小时，使用较小的 α 可以获得较好的结果；反之，设置较大的 α 可以获得较好的结果。为了方便，我们定义一种网络局部属性，局部连接比率（LLR）来衡量网络的局部特性。当 LLR 比较大时，网络有很强的局部特性，具有较小的模块结构，

我们建议使用 3 个参数 (0.1、0.2 和 0.3) 来挖掘网络中的模块。当 *LLR* 比较小时，网络的局部特性较弱，具有较大的模块结构，我们建议使用 3 个较大的参数 (0.90、0.93 和 0.95) 来挖掘网络中的模块。然而，自然界中的模块结构并非像我们想象的那么简单，使用一个公式就能定量地衡量网络中的模块结构。例如，当网络的 *LLR* 较大时，它却拥有较大的模块结构，在这种情况下，也许我们的参数选择就失去了很强的意义。因此，这些问题的存在还需要我们进一步探索。

②生物网络中的多尺度特性是一个普遍的特性，如蛋白质相互作用网络中的复合物，它不仅在网络中以高聚合模块形式存在，而且表现为一定的多尺度性。使用我们提出的 ISIMB 方法，我们可以成功地揭示模块的多尺度特性，特别能揭示蛋白质相互作用网络中的复合物，我们不仅能有效地检测到蛋白质复合物，而且能有效揭示其复合物的树状结构。与其他多尺度方法相比，我们的方法有很好的稳定性和鲁棒性。这个结论的获取建立在定性的比较之上，因为到目前为止，还没有一种定量的方式来衡量不同多尺度方法。据我们所知，不同的方法依靠不同的调控因子来分析模块的多尺度性，如 Stability 方法和 Map 方法的马尔科夫时间点，它们通过时间点的变化来揭示模块的大小变化，进而揭示模块的多尺度性。在我们的方法中，我们使用 ISIM 相似性中的调控因子 α 来揭示模块的多尺度性。α 设置较小时，获得网络的精细模块，α 设置较大时，获得网络的较大模块。如何定量地衡量不同多尺度模块是我们进一步研究的重点方向。

③在本书中，我们摆脱了高聚合模块是功能单元组织的唯一形式，进一步探索了功能单元的组织形式。我们首先定义了功能模块的另一种功能形式——Bi-sparse 模块。Bi-sparse 模块中的结点与本模块中的其他结点连接较为稀疏，而与其他高聚合模块或者 Bi-sparse 模块中的结点连接较为紧密。通过大规模的网络分析数据表明，Bi-sparse 模块在社会网络中的存在与人们从事的工作属性紧密相连，如从事高科技研究的人们组成的网络，存在 Bi-sparse 模块的可能性较大，因为在这些网络中，需要很多人充当信息和技术传播的角色，从而促进高新技术的快速发展。在从事传统职业的人们组成的网络中，存在 Bi-sparse 模块的可能性较小，因为在这些网络中，不需要更多的信息交流。在生物网络中，Bi-sparse 模块则普遍存在，并且和高聚合模

块一样具有一定的生物功能。然而，众所周知，由于人们认识的不足和技术水平的限制，现有的生物网络往往存在一定的不完备性。例如，在小鼠的蛋白质相互作用网络中，大约有 20% 相互作用对是高质量的。在人类组织中，只有大约 0.3% 的相互作用对是高质量的。因此，是不是生物网络的不完备性导致了 Bi-sparse 模块和高聚合模块一样构成功能模块这个问题是我们进一步要研究的方向。

参考文献

［1］ 汪小帆，李翔，陈关荣. 网络科学导论［M］. 北京：高等教育出版
社，2012.

［2］ 汪小帆，李翔，陈关荣. 复杂网络理论及其应用［M］. 北京：清华大
学出版社，2006.

［3］ Newman M E J. The structure and function of complex networks ［J］. Siam
Review, 2003, 45 (2): 167-256.

［4］ Faloutsos M, Faloutsos P, Faloutsos C. On power-law relationships of the
internet topology ［C］. Proceedings of the conference on Applications,
technologies, architectures, and protocols for computer communication,
New York, USA: ACM, 1999: 251-262.

［5］ Boccaletti S, Latora V, Moreno Y, et al. Complex networks: structure
and dynamics ［J］. Physics Reports, 2006, 424 (4): 175-308.

［6］ Barabási A L, Oltvai Z N. Network biology: understanding the cell's
functional organization ［J］. Nature Reviews Genetics, 2004, 5 (2):
101-113.

［7］ Jeong H, Mason S P, Barabási A L, et al. Lethality and centrality in
protein networks ［J］. Nature, 2001, 411 (6833): 41-42.

［8］ Ravasz E, Somera A L, Mongru D A, et al. Hierarchical organization of
modularity in metabolic networks ［J］. Science, 2002, 297 (5586):
1551-1555.

［9］ McAdams H H, Shapiro L. A bacterial cell-cycle regulatory network oper-
ating in time and space ［J］. Science, 2003, 301 (5641): 1874-1877.

［10］ Jiao Q J, Yang Z N, Huang J F. Construction of a gene regulatory
network for *Arabidopsis* based on metabolic pathway data ［J］. Chinese Sci-
ence Bulletin, 2010, 55 (2): 158-162.

[11] Lee H K, Hsu A K, Sajdak J, et al. Coexpression analysis of human genes across many microarray data sets [J]. Genome Research, 2004, 14 (6): 1085-1094.

[12] Stuart J M, Segal E, Koller D, et al. A gene-coexpression network for global discovery of conserved genetic modules [J]. Science, 2003, 302 (5643): 249-255.

[13] Watts D J, Strogatz S H. Collective dynamics of "small-world" networks [J]. Nature, 1998, 393 (6684): 440-442.

[14] Barabási A L. The network takeover [J]. Nature Physics, 2012, 8 (1): 14-16.

[15] Barrat A, Weigt M. On the properties of small-world network models [J]. The European Physical Journal B-Condensed Matter and Complex Systems, 2000, 13 (3): 547-560.

[16] Ahuja R K, Magnanti T L, Orlin J B. Network flows: theory, algorithms, and applications [M]. New Jersey: Prentice hall Upper Saddle River, 1993.

[17] Pinney J W, Westhead D R. Betweenness-based decomposition methods for social and biological networks [M]. Leeds: Leeds University Press, 2007.

[18] Barabási A L, Albert R. Emergence of scaling in random networks [J]. Science, 1999, 286 (5439): 509-512.

[19] Newman M E J, Watts D J. Renormalization group analysis of the small-world network model [J]. Physics Letters A, 1999, 263 (4): 341-346.

[20] Liu Y Y, Slotine J J, Barabási A L. Controllability of complex networks [J]. Nature, 2011, 473 (7346): 167-173.

[21] Liu Y Y, Slotine J J, Barabási A L. Observability of complex systems [J]. Proceedings of the National Academy of Sciences, 2013, 110 (7): 2460-2465.

[22] Pu C L, Pei W J, Michaelson A. Robustness analysis of network controllability [J]. Physica A: Statistical Mechanics and its Applications, 2012, 391 (18): 4420-4425.

[23] Ghoshal G, Barabási A L. Ranking stability and super-stable nodes in complex networks [J]. Nature communications, 2011, 2: 394.

［24］ Wang X F. Complex networks：topology，dynamics and synchronization ［J］. International Journal of Bifurcation and Chaos，2002，12（5）：885-916.

［25］ 朱涵，王欣然，朱建阳. 网络"建筑学"［J］. 物理，2003，32（6）：364-369.

［26］ 周涛，傅忠谦，牛永伟，等. 复杂网络上传播动力学研究综述［J］. 自然科学进展，2005，15（5）：513-518.

［27］ Li X，Chen G R. A local-world evolving network model［J］. Physica A：Statistical Mechanics and its Applications，2003，328（1）：274-286.

［28］ 章忠志，荣莉莉. BA 网络的一个等价演化模型［J］. 系统工程，2005，23（2）：1-5.

［29］ 席裕庚. 大系统控制论与复杂网络：探索与思考［J］. 自动化学报，2013，39（11）：1758-1768.

［30］ 周涛，张子柯，陈关荣，等. 复杂网络研究的机遇与挑战［J］. 电子科技大学学报，2014，1（43）：1-5.

［31］ 史定华. 网络度分布理论［M］. 北京：高等教育出版社，2011.

［32］ 郝柏林. 生物信息学［J］. 中国科学院院刊，2000，15（4）：260-264.

［33］ 张春霆. 生物信息学的现状与展望［J］. 世界科技研究与发展，2000，22（6）：17-20.

［34］ Thomas A，Cannings R，Monk N A，et al. On the structure of proten-protein interaction networks［J］. Biochemical Society transactions，2003，31（6）：1491.

［35］ Mason O，Verwoerd M. Graph theory and networks in biology［J］. IET Systems Biology，2007，1（2）：89-119.

［36］ Ji J，Zhang A，Liu C，et al. Survey：functional module detection from protein-protein interaction networks［J］. IEEE Transactions on Knowledge and Data Engineering，2014，26（2）：261-277.

［37］ Chen B，Fan W，Liu J，et al. Identifying protein complexes and functional modules—from static PPI networks to dynamic PPI networks［J］. Briefings in Bioinformatics，2013，15（2）：177-194.

［38］ Luo R，Wei H，Ye L，et al. Photosynthetic metabolism of C3 plants shows highly cooperative regulation under changing environments：a systems biological analysis［J］. Proceedings of the National Academy of

Sciences, 2009, 106 (3): 847-852.

[39] Fortunato S. Community detection in graphs [J]. Physics Reports, 2010, 486 (3): 75-174.

[40] Malliaros F D, Vazirgiannis M. Clustering and community detection in directed networks: a survey [J]. Physics Reports, 2013, 533 (4): 95-142.

[41] Gavin A C, Aloy P, Grandi P, et al. Proteome survey reveals modularity of the yeast cell machinery [J]. Nature, 2006, 440 (7084): 631-636.

[42] Nepusz T, Yu H, Paccanaro A. Detecting overlapping protein complexes in protein-protein interaction networks [J]. Nature methods, 2012, 9 (5): 471-472.

[43] Dourisboure Y, Geraci F, Pellegrini M. Extraction and classification of dense communities in the web [C]. Proceedings of the 16th international conference on World Wide Web, New York, USA: ACM, 2007: 461-470.

[44] Krzakala F, Moore C, Mossel E, et al. Spectral redemption in clustering sparse networks [J]. Proceedings of the National Academy of Sciences, 2013, 110 (52): 20935-20940.

[45] Noh J D, Rieger H. Random walks on complex networks [J]. Physical Review Letters, 2004, 92 (11): 118701.

[46] Newman M E J. Modularity and community structure in networks [J]. Proceedings of the National Academy of Sciences, 2006, 103 (23): 8577-8582.

[47] Newman M E J, Girvan M. Finding and evaluating community structure in networks [J]. Physical Review E, 2004, 69 (2): 026113.

[48] Newman M E J. Fast algorithm for detecting community structure in networks [J]. Physical Review E, 2004, 69 (6): 066133.

[49] Radicchi F, Castellano C, Cecconi F, et al. Defining and identifying communities in networks [J]. Proceedings of the National Academy of Sciences of the United States of America, 2004, 101 (9): 2658-2663.

[50] Tyler J R, Wilkinson D M, Huberman B A. E-mail as spectroscopy: automated discovery of community structure within organizations [J]. The Information Society, 2005, 21 (2): 143-153.

[51] Chen J, Yuan B. Detecting functional modules in the yeast protein-protein interaction network [J]. Bioinformatics, 2006, 22 (18): 2283-2290.

[52] Fortunato S, Latora V, Marchiori M. Method to find community structures based on information centrality [J]. Physical Review E, 2004, 70 (5): 056104.

[53] Clauset A, Newman M E J, Moore C. Finding community structure in very large networks [J]. Physical Review E, 2004, 70 (6): 066111.

[54] Danon L, Díaz-Guilera A, Arenas A. The effect of size heterogeneity on community identification in complex networks [J]. Journal of Statistical Mechanics: Theory and Experiment, 2006, 2006 (11): P11010.

[55] Wakita K, Tsurumi T. Finding community structure in mega-scale social networks [C]. Proceedings of the 16th international conference on World Wide Web, New York, USA: ACM, 2007: 1275-1276.

[56] Newman M E J. Communities, modules and large-scale structure in networks [J]. Nature Physics, 2012, 8 (1): 25-31.

[57] Jaccard P. Etude comparative de la distribution florale dans une portion des Alpes et du Jura [J]. Bulletin del la Soci'et'e Vaudoise des Sciences Naturelles, 1901, 37: 547-579.

[58] Leicht E, Holme P, Newman M E J. Vertex similarity in networks [J]. Physical Review E, 2006, 73 (2): 026120.

[59] Katz L. A new status index derived from sociometric analysis [J]. Psychometrika, 1953, 18 (1): 39-43.

[60] Lü L, Zhou T. Link prediction in complex networks: a survey [J]. Physica A: Statistical Mechanics and its Applications, 2011, 390 (6): 1150-1170.

[61] Ahn Y Y, Bagrow J P, Lehmann S. Link communities reveal multiscale complexity in networks [J]. Nature, 2010, 466 (7307): 761-764.

[62] Kim Y, Jeong H. Map equation for link communities [J]. Physical Review E, 2011, 84 (2): 026110.

[63] Schaub M T, Delvenne J C, Yaliraki S N, et al. Markov dynamics as a zooming lens for multiscale community detection: non clique-like communities and the field-of-view limit [J]. PLoS One, 2012, 7 (2): e32210.

[64] Kirkpatrick S, Gelatt C D, Vecchi M P. Optimization by simmulated an-

nealing [J]. Science, 1983, 220 (4598): 671-680.

[65] Guimera R, Amaral L A N. Functional cartography of complex metabolic networks [J]. Nature, 2005, 433 (7028): 895-900.

[66] Blondel V D, Guillaume J L, Lambiotte R, et al. Fast unfolding of communities in large networks [J]. Journal of Statistical Mechanics: Theory and Experiment, 2008, 2008 (10): P10008.

[67] Duch J, Arenas A. Community detection in complex networks using extremal optimization [J]. Physical Review E, 2005, 72 (2): 027104.

[68] Holland J H. Adaptation in natural and artificial systems: an introductory analysis with applications to biology, control, and artificial intelligence [M]. Oxford: U Michigan Press, 1975.

[69] Arenas A, Fernandez A, Gomez S. Analysis of the structure of complex networks at different resolution levels [J]. New Journal of Physics, 2008, 10 (5): 053039.

[70] Newman M E J. Finding community structure in networks using the eigenvectors of matrices [J]. Physical Review E, 2006, 74 (3): 036104.

[71] Richardson T, Mucha P J, Porter M A. Spectral tripartitioning of networks [J]. Physical Review E, 2009, 80 (3): 036111.

[72] White S, Smyth P. A spectral clustering approach to finding communities in graph [C]. SIAM International Conference on Data Mining (SDM), SIAM, 2005: 76-84.

[73] Lai D, Lu H, Nardini C. Enhanced modularity-based community detection by random walk network preprocessing [J]. Physical Review E, 2010, 81 (6): 066118.

[74] Rosvall M, Bergstrom C T. Maps of random walks on complex networks reveal community structure [J]. Proceedings of the National Academy of Sciences, 2008, 105 (4): 1118-1123.

[75] Zhou H, Lipowsky R. Network brownian motion: a new method to measure vertex-vertex proximity and to identify communities and subcommunities [J]. Lecture Notes in Computer Science, 2004, 3038: 1062-1069.

[76] Fortunato S, Barthelemy M. Resolution limit in community detection [J]. Proceedings of the National Academy of Sciences, 2007, 104 (1):

36-41.

[77] Shi C, Yan Z, Cai Y, et al. Multi-objective community detection in complex networks [J]. Applied Soft Computing, 2012, 12 (2): 850-859.

[78] Gong M, Ma L, Zhang Q, et al. Community detection in networks by using multiobjective evolutionary algorithm with decomposition [J]. Physica A: Statistical Mechanics and its Applications, 2012, 391 (15): 4050-4060.

[79] Gong M, Cai Q, Chen X, et al. Complex network clustering by multiobjective discrete particle swarm optimization based on decomposition [J]. IEEE Transactions on Evolutionary Computation, 2014, 18 (1): 82-97.

[80] Pizzuti C. A multiobjective genetic algorithm to find communities in complex networks [J]. IEEE Transactions on Evolutionary Computation, 2012, 16 (3): 418-430.

[81] Arnau V, Mars S, Marín I. Iterative cluster analysis of protein interaction data [J]. Bioinformatics, 2005, 21 (3): 364-378.

[82] Aldecoa R, Marín I. Jerarca: efficient analysis of complex networks using hierarchical clustering [J]. PLoS One, 2010, 5 (7): e11585.

[83] Cho Y R, Hwang W, Zhang A. Efficient modularization of weighted protein interaction networks using k-hop graph reduction [C]. Sixth IEEE Symposium on BioInformatics and BioEngineering (BIBE), Arlington, UAS: IEEE, 2006: 289-298.

[84] Spirin V, Mirny L A. Protein complexes and functional modules in molecular networks [J]. Proceedings of the National Academy of Sciences, 2003, 100 (21): 12123-12128.

[85] Bader G D, Hogue C W. An automated method for finding molecular complexes in large protein interaction networks [J]. Bmc Bioinformatics, 2003, 4 (1): 2.

[86] Rhrissorrakrai K, Gunsalus K C. MINE: module identification in networks [J]. Bmc Bioinformatics, 2011, 12 (1): 192.

[87] Adamcsek B, Palla G, Farkas I J, et al. CFinder: locating cliques and overlapping modules in biological networks [J]. Bioinformatics, 2006, 22 (8): 1021-1023.

[88] Efimov D, Zaki N, Berengueres J. Detecting protein complexes from

noisy protein interaction data [C]. Proceedings of the 11th International Workshop on Data Mining in Bioinformatics, 2012: 1-7.

[89] King A D, Pržulj N, Jurisica I. Protein complex prediction via cost-based clustering [J]. Bioinformatics, 2004, 20 (17): 3013-3020.

[90] Frey B J, Dueck D. Clustering by passing messages between data points [J]. Science, 2007, 315 (5814): 972-976.

[91] Vlasblom J, Wodak S J. Markov clustering versus affinity propagation for the partitioning of protein interaction graphs [J]. Bmc Bioinformatics, 2009, 10 (1): 99.

[92] Enright A J, Van Dongen S, Ouzounis C A. An efficient algorithm for large-scale detection of protein families [J]. Nucleic Acids Research, 2002, 30 (7): 1575-1584.

[93] Cho Y R, Hwang W, Ramanathan M, et al. Semantic integration to identify overlapping functional modules in protein interaction networks [J]. Bmc Bioinformatics, 2007, 8 (1): 265.

[94] Feng J, Jiang R, Jiang T. A max-flow-based approach to the identification of protein complexes using protein interaction and microarray data [J]. IEEE/ACM Transactions on Computational Biology and Bioinformatics, 2011, 8 (3): 621-634.

[95] Leung H C, Xiang Q, Yiu S M, et al. Predicting protein complexes from PPI data: a core-attachment approach [J]. Journal of Computational Biology, 2009, 16 (2): 133-144.

[96] Wu M, Li X, Kwoh C K, et al. A core-attachment based method to detect protein complexes in PPI networks [J]. Bmc Bioinformatics, 2009, 10 (1): 169.

[97] Ma X, Gao L. Predicting protein complexes in protein interaction networks using a core-attachment algorithm based on graph communicability [J]. Information Sciences, 2012, 189: 233-254.

[98] Sallim J, Abdullah R, Khader A T. ACOPIN: an ACO algorithm with TSP approach for clustering proteins from protein interaction network [J]. Uksim European Symposium on Computer Modeling & Simulation, 2008, 131 (1): 203-208.

[99] Ji J, Liu Z, Zhang A, et al. Improved ant colony optimization for detec-

ting functional modules in protein-protein interaction networks [J]. Communications in Computer and Information Science, 2012, 308: 404-413.

[100] Ji J, Liu Z, Zhang A, et al. Ant colony optimization with multi-agent evolution for detecting functional modules in protein-protein interaction networks [J]. Lecture Notes in Computer Science, 2012, 7473: 445-453.

[101] Wu S, Lei X, Tian J. Clustering PPI network based on functional flow model through artificial bee colony algorithm [C]. 2011 Seventh International Conference on Natural Computation (ICNC), Shanghai, China: IEEE, 2011: 92-96.

[102] Kamp C, Christensen K. Spectral analysis of protein-protein interactions in Drosophila melanogaster [J]. Physical Review E, 2005, 71 (4): 041911.

[103] Qin G, Gao L. Spectral clustering for detecting protein complexes in protein-protein interaction (PPI) networks [J]. Mathematical and Computer Modelling, 2010, 52 (11): 2066-2074.

[104] Inoue K, Li W, Kurata H. Diffusion model based spectral clustering for protein-protein interaction networks [J]. PLoS One, 2010, 5 (9): e12623.

[105] Reichardt J, Bornholdt S. Statistical mechanics of community detection [J]. Physical Review E, 2006, 74 (1): 016110.

[106] Sales-Pardo M, Guimerà R, Moreira A A, et al. Extracting the hierarchical organization of complex systems [J]. Proceedings of the National Academy of Sciences, 2007, 104 (39): 15224-15229.

[107] Delvenne J C, Yaliraki S N, Barahona M. Stability of graph communities across time scales [J]. Proceedings of the National Academy of Sciences, 2010, 107 (29): 12755-12760.

[108] Shi J, Malik J. Normalized cuts and image segmentation [J]. IEEE Transactions on Pattern Analysis and Machine Intelligence, 2000, 22 (8): 888-905.

[109] Fiedler M. Algebraic connectivity of graphs [J]. Czechoslovak Mathematical Journal, 1973, 23 (2): 298-305.

[110] Fiedler M. A property of eigenvectors of nonnegative symmetric matrices

and its application to graph theory [J]. Czechoslovak Mathematical Journal, 1975, 25 (4): 619-633.

[111] Chen C, Fushing H. Multiscale community geometry in a network and its application [J]. Physical Review E, 2012, 86 (4): 041120.

[112] Le Martelot E, Hankin C. Fast multi-scale detection of relevant communities in large-scale networks [J]. The Computer Journal, 2013, 56 (9): 1136-1150.

[113] Wang Z, Zhang J. In search of the biological significance of modular structures in protein networks [J]. PLoS Computational Biology, 2007, 3 (6): e107.

[114] Pinkert S, Schultz J, Reichardt J. Protein interaction networks—more than mere modules [J]. PLoS Computational Biology, 2010, 6 (1): e1000659.

[115] Jiao Q J, Zhang Y K, Li L N, et al. Bintree seeking: a novel approach to mine both bi-sparse and cohesive modules in protein interaction networks [J]. PLoS One, 2011, 6 (11): e27646.

[116] Jiao Q J, Huang Y, Liu W, et al. Revealing the hidden relationship by sparse modules in complex networks with a large-scale analysis [J]. PLoS One, 2013, 8 (6): e66020.

[117] Jin D, Yang B, Baquero C, et al. A markov random walk under constraint for discovering overlapping communities in complex networks [J]. Journal of Statistical Mechanics: Theory and Experiment, 2011, 2011 (5): P05031.

[118] Weston J, Elisseeff A, Zhou D, et al. Protein ranking: from local to global structure in the protein similarity network [J]. Proceedings of the National Academy of Sciences of the United States of America, 2004, 101 (17): 6559-6563.

[119] Weston J, Kuang R, Leslie C, et al. Protein ranking by semi-supervised network propagation [J]. Bmc Bioinformatics, 2006, 7 (Suppl 1): S10.

[120] Brin S, Page L. The anatomy of a large-scale hypertextual Web search engine [J]. Computer networks and ISDN systems, 1998, 30 (1): 107-117.

[121] Gong C, Fu K, Loza A, et al. Pagerank tracker: from ranking to track-ing [J]. IEEE Transactions on Cybernetics, 2014, 44 (6): 882-893.

[122] Liljeros F, Edling C R, Amaral L A, et al. The web of human sexual contacts [J]. Nature, 2001, 411 (6840): 907-908.

[123] Sprinzak E, Sattath S, Margalit H. How reliable are experimental protein-protein interaction data [J]. Journal of Molecular Biology, 2003, 327 (5): 919-923.

[124] Yan B, Gregory S. Finding missing edges in networks based on their community structure [J]. Physical Review E, 2012, 85 (5): 056112.

[125] Yu H, Braun P, Yildirim M A, et al. High-quality binary protein inter-action map of the yeast interactome network [J]. Science, 2008, 322 (5898): 104-110.

[126] Amaral L A N. A truer measure of our ignorance [J]. Proceedings of the National Academy of Sciences, 2008, 105 (19): 6795-6796.

[127] Brown K R, Jurisica I. Online predicted human interaction database [J]. Bioinformatics, 2005, 21 (9): 2076-2082.

[128] Zarand P, Polgar I. A theoretical study on the relative standard deviation of TLD systems [J]. Nuclear Instruments and Methods in Physics Re-search, 1983, 205 (3): 525-529.

[129] Bagrow J P. Communities and bottlenecks: trees and treelike networks have high modularity [J]. Physical Review E, 2012, 85 (6): 066118.

[130] Pons P, Latapy M. Computing communities in large networks using ran-dom walks [J]. Lecture Notes in Computer Science, 2005, 3733: 284-293.

[131] Floyd R W. Algorithm 97: shortest path [J]. Communications of the ACM, 1962 5 (6): 345.

[132] Chan T M. All-pairs shortest paths for unweighted undirected graphs in O (mn) time [J]. ACM Transactions on Algorithms (TALG), 2012, 8 (4): 34.

[133] Lancichinetti A, Fortunato S. Benchmarks for testing community detection algorithms on directed and weighted graphs with overlapping communities [J]. Physical Review E, 2009, 80 (1): 016118.

[134] Lancichinetti A, Radicchi F, Ramasco J J, et al. Finding statistically

significant communities in networks [J]. PLoS One, 2011, 6 (4): e18961.

[135] Strehl A, Ghosh J. Cluster ensembles: a knowledge reuse framework for combining multiple partitions [J]. The Journal of Machine Learning Research, 2003, 3: 583-617.

[136] Zachary W W. An information flow model for conflict and fission in small groups [J]. Journal of Anthropological Research, 1977: 452-473.

[137] Lusseau D, Schneider K, Boisseau O J, et al. The bottlenose dolphin community of Doubtful Sound features a large proportion of long-lasting associations [J]. Behavioral Ecology and Sociobiology, 2003, 54 (4): 396-405.

[138] Feist A M, Henry C S, Reed J L, et al. A genome-scale metabolic reconstruction for Escherichia coli K-12 MG1655 that accounts for 1260 ORFs and thermodynamic information [J]. Molecular Systems Biology, 2007, 3 (1): 121.

[139] Kanehisa M, Goto S. KEGG: kyoto encyclopedia of genes and genomes [J]. Nucleic Acids Research, 2000, 28 (1): 27-30.

[140] Stark C, Breitkreutz B J, Reguly T, et al. BioGRID: a general repository for interaction datasets [J]. Nucleic Acids Research, 2006, 34 (suppl 1): D535−D539.

[141] Mewes H W, Amid C, Arnold R, et al. MIPS: analysis and annotation of proteins from whole genomes [J]. Nucleic Acids Research, 2004, 32 (suppl 1): D41−D44.

[142] Gleiser P M, Danon L. Community structure in jazz [J]. Advances in Complex Systems, 2003, 6 (4): 565-573.

[143] Guimera R, et al. Self-similar community structure in a network of human interactions [J]. Physical Review E, 2003, 68 (6): 065103.

[144] Schaub M T, Lambiotte R, Barahona M. Encoding dynamics for multi-scale community detection: Markov time sweeping for the map equation [J]. Physical Review E, 2012, 86 (2): 026112.

[145] Arenas A, Díaz-Guilera A, Pérez-Vicente C J. Synchronization reveals topological scales in complex networks [J]. Physical Review Letters, 2006, 96 (11): 114102.

[146] Han D S, Kim H S, Jang W H, et al. PreSPI: a domain combination based prediction system for protein-protein interaction [J]. Nucleic Acids Research, 2004, 32 (21): 6312-6320.

[147] Han J D, Bertin N, Hao T, et al. Evidence for dynamically organized modularity in the yeast protein-protein interaction network [J]. Nature, 2004, 430 (6995): 88-93.

[148] Brohee S, van Helden J. Evaluation of clustering algorithms for protein-protein interaction networks [J]. Bmc Bioinformatics, 2006, 7 (1): 488.

[149] Hwang W, Cho Y R, Zhang A, et al. A novel functional module detection algorithm for protein-protein interaction networks [J]. Algorithms for Molecular Biology, 2006, 1 (1): 24.

[150] Bu D, Zhao Y, Cai L, et al. Topological structure analysis of the protein-protein interaction network in budding yeast [J]. Nucleic Acids Research, 2003, 31 (9): 2443-2450.

[151] Liu G, Wong L, Chua H N. Complex discovery from weighted PPI networks [J]. Bioinformatics, 2009, 25 (15): 1891-1897.

[152] Lee I, Li Z, Marcotte E M. An improved, bias-reduced probabilistic functional gene network of baker's yeast, Saccharomyces cerevisiae [J]. PLoS One, 2007, 2 (10): e988.

[153] Dutkowski J, Kramer M, Surma M A, et al. A gene ontology inferred from molecular networks [J]. Nature Biotechnology, 2013, 31 (1): 38-45.

[154] Karrer B, Levina E, Newman M E J. Robustness of community structure in networks [J]. Physical Review E, 2008, 77 (4): 046119.

[155] Basu S, Davidson I, Wagstaff K L. Constrained clustering: advances in algorithms, theory, and applications [J]. Chapman & Hall/CRC, 2008, 14: 220-221.

[156] Vu V V, Labroche N, Bouchon-Meunier B. Improving constrained clustering with active query selection [J]. Pattern Recognition, 2012, 45 (4): 1749-1758.

[157] Chen W H, De Meaux J, Lercher M J. Co-expression of neighbouring genes in *Arabidopsis*: separating chromatin effects from direct interactions

[J]. BMC Genomics, 2010, 11 (1): 178.

[158] Swarbreck D, Wilks C, Lamesch P, et al. The *Arabidopsis* Information Resource (TAIR): gene structure and function annotation [J]. Nucleic Acids Research, 2008, 36 (suppl 1): D1009-D1014.

[159] Obayashi T, Nishida K, Kasahara K, et al. ATTED-II updates: condition-specific gene coexpression to extend coexpression analyses and applications to a broad range of flowering plants [J]. Plant and Cell Physiology, 2011, 52 (2): 213-219.

[160] Wu Q, Hao J K. A review on algorithms for maximum clique problems [J]. European Journal of Operational Research, 2015, 242 (3): 693-709.

[161] Konc J, Janezic D. An improved branch and bound algorithm for the maximum clique problem [J]. Proteins-Structure Function and Bioinformatics, 2007, 4: 5.

[162] Wang J Z, Du Z, Payattakool R, et al. A new method to measure the semantic similarity of GO terms [J]. Bioinformatics, 2007, 23 (10): 1274-1281.

[163] Ashburner M, Ball C A, Blake J A, et al. Gene Ontology: tool for the unification of biology [J]. Nature Genetics, 2000, 25 (1): 25-29.

[164] Srinivasasainagendra V, Page G P, Mehta T, et al. CressExpress: a tool for large-scale mining of expression data from *Arabidopsis* [J]. Plant Physiology, 2008, 147 (3): 1004-1016.

[165] Tchagang, A B, Gawronski A, Bérubé H, et al. GOAL: a software tool for assessing biological significance of genes groups [J]. Bmc Bioinformatics, 2010, 11 (1): 229.

[166] Mendoza M S, Dubreucq B, Miquel M, et al. LEAFY COTYLEDON 2 activation is sufficient to trigger the accumulation of oil and seed specific mRNAs in *Arabidopsis* leaves [J]. Febs Letters, 2005, 579 (21): 4666-4670.

[167] Kagaya Y, Toyoshima R, Okuda R, et al. LEAFY COTYLEDON1 controls seed storage protein genes through its regulation of FUSCA3 and ABSCISIC ACID INSENSITIVE3 [J]. Plant and Cell Physiology, 2005, 46 (3): 399-406.

[168] Newman M E J, Leicht E A. Mixture models and exploratory analysis in networks [J]. Proceedings of the National Academy of Sciences, 2007, 104 (23): 9564-9569.

[169] Breitkreutz A, Choi H, Sharom J R, et al. A global protein kinase and phosphatase interaction network in yeast [J]. Science, 2010, 328 (5981): 1043-1046.

[170] Salwinski L, Miller C S, Smith A J, et al. The database of interacting proteins: 2004 update [J]. Nucleic Acids Research, 2004, 32 (suppl 1): D449-D451.

[171] Keshava Prasad T S, Goel R, Kandasamy K, et al. Human protein reference database—2009 update [J]. Nucleic Acids Research, 2009, 37 (suppl 1): D767-D772.

[172] Bader G D, Betel D, Hogue C W. BIND: the biomolecular interaction network database [J]. Nucleic Acids Research, 2003, 31 (1): 248-250.

[173] Shannon P, Markiel A, Qzier O, et al. Cytoscape: a software environment for integrated models of biomolecular interaction networks [J]. Genome Research, 2003, 13 (11): 2498-2504.

[174] Maere S, Heymans K, Kuiper M. BiNGO: a Cytoscape plugin to assess overrepresentation of gene ontology categories in biological networks [J]. Bioinformatics, 2005, 21 (16): 3448-3449.

[175] Šubelj L, Bajec M. Generalized network community detection [J]. arXiv preprint arXiv: 1110. 2711, 2011.

[176] Davis A, Gardner B B, Gardner M R. Deep South: a social anthropological study of caste and class [M]. South Carolina: University of South Carolina Press, 2009.

[177] Scott J, Hughes M, Mackenzie J. The anatomy of Scottish capital: Scottish companies and Scottish capital [M]. London: Croom Helm London, 1980.

[178] Šubelj L, Bajec M. Community structure of complex software systems: Analysis and applications [J]. Physica A: Statistical Mechanics and Its Applications, 2011, 390 (16): 2968-2975.

[179] Rosvall M, Bergstrom C T. An information-theoretic framework for resol-

ving community structure in complex networks [J]. Proceedings of the National Academy of Sciences, 2007, 104 (18): 7327-7331.

[180] Stovel K, Golub B, Milgrom E M M. Stabilizing brokerage [J]. Proceedings of the National Academy of Sciences, 2011, 108 (Supp 4): 21326-21332.

[181] Stovel K, Shaw L. Brokerage [J]. Annual Review of Sociology, 2012, 38: 139-158.

[182] Täube V G. Measuring the social capital of brokerage roles [J]. Connections, 2004, 26 (1): 29-52.

[183] Fukushima A, Nishizawa T, Hayakumo M, et al. Exploring tomato gene functions based on coexpression modules using graph clustering and differential coexpression approaches [J]. Plant Physiology, 2012, 158 (4): 1487-1502.

[184] Ciriello G, Cerami E, Sander C, et al. Mutual exclusivity analysis identifies oncogenic network modules [J]. Genome Research, 2012, 22 (2): 398-406.

[185] Spangler J B, Ficklin S P, Luo F, et al. Conserved non-coding regulatory signatures in *Arabidopsis* co-expressed gene modules [J]. PLoS One, 2012, 7 (9): e45041.

[186] Jiao Q J, Huang Y, Shen H B. Large-scale mining co-expressed genes in *Arabidopsis* anther: from pair to group [J]. Computational Biology and Chemistry, 2011, 35 (2): 62-68.

[187] Wei H, Persson S, Mehta T, et al. Transcriptional coordination of the metabolic network in *Arabidopsis* [J]. Plant Physiology, 2006, 142 (2): 762-774.

[188] De Nooy W, Mrvar A, Batagelj V. Exploratory social network analysis with Pajek [M]. New York: Cambridge University Press, 2011.

[189] Pajek datasets [EB/OL]. (2013-05-08) [2017-10-20]. http://vlado. fmf. uni-lj. si/pub/networks/pajek/data/gphs. htm.

[190] Newman M E J. The structure of scientific collaboration networks [J]. Proceedings of the National Academy of Sciences, 2001, 98 (2): 404-409.

[191] Leskovec J, Kleinberg J, Faloutsos C. Graph evolution: densification

and shrinking diameters [J]. ACM Transactions on Knowledge Discovery from Data (TKDD), 2007, 1 (1): 2.

[192] Knuth D E. The Stanford GraphBase: a platform for combinatorial algorithms [C]. ACM-SIAM Symposium on Discrete Algorithms, 1993: 41-43.

[193] Reitz J M. Online dictionary for library and information science [M]. Westport, CT: Libraries Unlimited, 2001.

[194] Garfield E. From computational linguistics to algorithmic historiography [C]. Symposium in Honor of Casimir Borkowski at the University of Pittsburgh School of Information Sciences, 2001.

[195] Leskovec J, Lang K J, Dasgupta A, et al. Statistical properties of community structure in large social and information networks [C]. Proceedings of the 17th international conference on World Wide Web, New York, USA, 2008: 695-704.